《消防给水及消火栓系统技术规范》GB 50974—2014 解读及应用

赵国平　张慧玲　编著
高明华　　　　　审阅

中国建筑工业出版社

图书在版编目（CIP）数据

《消防给水及消火栓系统技术规范》GB 50974—2014 解读及应用/赵国平，张慧玲编著. —北京：中国建筑工业出版社，2015.2（2024.4重印）
ISBN 978-7-112-17656-4

Ⅰ.①消…　Ⅱ.①赵…②张…　Ⅲ.①消防给水-技术规范-中国②消防设备-技术规范-中国　Ⅳ.①TU821.6-65②TU998.13-65

中国版本图书馆 CIP 数据核字（2015）第 003249 号

《消防给水及消火栓系统技术规范》
GB 50974—2014 解读及应用

赵国平　张慧玲　编著
高明华　　　　　审阅

*

中国建筑工业出版社出版、发行（北京西郊百万庄）
各地新华书店、建筑书店经销
北京科地亚盟排版公司制版
建工社（河北）印刷有限公司印刷

*

开本：850×1168 毫米　1/32　印张：6　插页：2　字数：160 千字
2015 年 2 月第一版　2024 年 4 月第六次印刷
定价：**28.00** 元

ISBN 978 - 7 - 112 - 17656 - 4
（26859）

本书旨在解读、应用《消防给水及消火栓系统技术规范》GB 50974—2014（以下简称《栓规》)，并使相关技术人员在工作中融会贯通。本书共分12章，前11章与《栓规》前11章完全吻合，每个章节由综述、解读、应用几部分组成。为使读者有更直观的认识，特设第12章设计实例介绍，力求做到理论与实践结合。本书中附图或附表编号（如2.1-2.1.2-1)，表示第2章第1节条文2.1.2第1个附图或附表，以此类推。

本书可供给水排水的设计、审查、施工、监理等相关技术人员使用，也可供给水排水、环境工程等专业大专院校师生参考。

责任编辑：田启铭　李玲洁
责任设计：董建平
责任校对：李美娜　关　健

前　言

中华人民共和国国家标准《消防给水及消火栓系统技术规范》GB 50974—2014（本书中简称《栓规》）于 2014 年 10 月 1 日起正式实施。借助互联网平台，该规范从讨论稿出台至今，在一线专业人员中引发了集体关注和讨论，与此相关的各种版本的培训课件及资料迅速在网络上蔓延。究其原因，该规范不仅从章节编排上颠覆了原有的行文风格，更是在消防设计理念上进行了突破性的改进。新规范的修订经过了逐渐完善、反馈交流的过程；新规范的执行更需要一线专业人员不断实践、不断解读、不断完善。

应用规范绝不是对条文的生搬硬套，要知其然，知其所以然。本书从设计最基层一线工程师的视角出发，结合工程实践，采用条文解读、系统简图、问答、拓展思考、设计案例等格式对《栓规》进行梳理。论证数据来源、寻求理论依据、引申相关知识点，图文并茂、多角度、全方位对条文进行比对说明、细化分析，以便在实际工程中对相关设计人员提供具体的指导。

规范标准条文语言精练，涵盖广泛，对其正确理解乃至最终运用都是无法一蹴而成的，本书观点及结论仅代表笔者一家之言，也许会引发大家在技术细节上的探讨甚至争论。随着科技的进步和设计人员自身的成长，我们对“消防”的认知也在不断地修正和完善，但“神”自原理，“形”自规范，万变不离其宗。本书旨在引导相关工程技术人员从本源去理解、运用规范条文，以期达到在具体工作中既有法可依又收放自如的境界，为大家搭建一个相互学习、交流、进步的平台。

本书主要针对工程设计一线专业人员及高校师生等科研人员，规范中一些指向明确、表述清晰的基本条文以及第 12 章施工、第 13 章系统调试与验收、第 14 章维护管理，不在此次解读范围之内，提请广大读者朋友注意。本书引用部分参考文献、资料，特别在这里对相关作者、学者表示深深的敬意与谢意。

由于时间和水平所限，书稿中难免有错误和误解，恳请同行批评指正，来信请寄 E-mail:GB50974@126. com。

目　录

第1章　总则 …… 1
1.1　条文解读 …… 1
第2章　术语 …… 4
2.1　条文解读 …… 4
第3章　基本参数 …… 12
3.1　条文综述 …… 12
3.2　条文解读 …… 12
3.3　条文应用 …… 34
3.3.1　问题解答 …… 34
3.3.2　拓展思考 …… 36
第4章　消防水源 …… 38
4.1　条文综述 …… 38
4.2　条文解读 …… 38
4.3　条文应用 …… 49
4.3.1　问题解答 …… 49
4.3.2　拓展思考 …… 50
第5章　供水设施 …… 52
5.1　条文综述 …… 52
5.2　条文解读 …… 52
5.3　条文应用 …… 74
5.3.1　问题解答 …… 74
5.3.2　拓展思考 …… 76
5.3.3　计算举例 …… 79
第6章　给水形式 …… 84
6.1　条文综述 …… 84
6.2　条文解读 …… 84
6.3　条文应用 …… 96
6.3.1　问题解答 …… 96

6.3.2　拓展思考 …… 100
6.3.3　计算举例 …… 102
6.3.4　项目实例 …… 103
第7章　消火栓系统 …… 107
7.1　条文综述 …… 107
7.2　条文解读 …… 107
7.3　条文应用 …… 123
7.3.1　问题解答 …… 123
7.3.2　拓展思考 …… 125
7.3.3　国外技术资料 …… 127
第8章　管网 …… 129
8.1　条文综述 …… 129
8.2　条文解读 …… 129
8.3　条文应用 …… 132
8.3.1　问题解答 …… 132
8.3.2　拓展思考 …… 134
第9章　消防排水 …… 136
9.1　条文综述 …… 136
9.2　条文解读 …… 136
9.3　条文应用 …… 139
9.3.1　问题解答 …… 139
9.3.2　拓展思考 …… 141
第10章　水力计算 …… 145
10.1　条文综述 …… 145
10.2　条文解读 …… 145
10.3　拓展思考 …… 148
第11章　控制与操作 …… 150
11.1　条文综述 …… 150
11.2　条文解读 …… 150
11.3　拓展思考 …… 151
第12章　某超高层消防给水及消火栓系统设计实例介绍 …… 153
12.1　工程概况 …… 153

12.2　水源情况 …………………………………………………… 153
12.3　消防给水及消火栓系统设计方案 ……………………… 154
12.3.1　消防设计参数 ………………………………………… 154
12.3.2　室外消火栓系统 ……………………………………… 158
12.3.3　室内消火栓系统 ……………………………………… 160
12.4　原设计方案简介 ………………………………………… 168
12.4.1　消防用水标准及一次灭火用水量 …………………… 168
12.4.2　重力水箱消防给水系统 ……………………………… 168
12.5　方案比对 ………………………………………………… 169
12.5.1　消防用水标准及一次灭火用水量 …………………… 169
12.5.2　室外消火栓系统 ……………………………………… 170
12.5.3　室内消火栓系统 ……………………………………… 170
12.6　结语 ……………………………………………………… 172
附录　《消防给水及消火栓系统技术规范》GB 50974—2014
强制性条文 ………………………………………………………… 173
参考文献 …………………………………………………………… 179

第1章　总　　则

1.1　条文解读

【1.0.1】为了合理设计消防给水及消火栓系统，保障施工质量，规范验收和维护管理，减少火灾危害，保护人身和财产安全，制定本规范。

解读：本条即为制定本规范的目的。保护人身安全、保护财产安全是最终目的；优先保护人身，其后才是财产，减少火灾危害是附带目的，这是我国的消防设计理念。达到上述目的的手段首先为合理设计，设计是基础；其次是保障施工质量；再次是维护管理，各个环节均不可少。因此，本规范除设计要求外，增加了施工和管理方面的要求。

【1.0.2】本规范适用于新建、扩建、改建的工业、民用、市政等建设工程的消防给水及消火栓系统的设计、施工、验收和维护管理。

解读：本条为适用范围，条文虽短，意涵深刻。欲正确理解使用规范，先要弄清下列词语：①新建，当然是重新建设之意，判断新建工程基本没有难度；②扩建，意涵为在原有（无论大小）基础上体积扩大，判断基础为：是否有原有建筑；③改建，重点在“改”，意涵为体积不变，用途、性质变化而已。判断新、扩、改建建筑物的目的，在于更好地使用规范。

工业、民用、市政建设工程的判断也是十分重要的。规范中有些条文是针对市政工程的，民用建筑不用执行；有些条文是针对民用建筑的，市政工程也不用执行。①工业建筑，指人们进行生产活动的建筑，包括生产用房、辅助生产用房、动力、运输、仓库等用房。有生产工艺的均为工业建筑，工业厂区的办公楼仍为民用建筑。②民用建筑，即非生产性建筑，指供人们居住和进行公共活动的建筑总称，民用建筑按使用功能可分为居住建筑和公共建筑两大类。③市政建设工程，是指在城市（区）、镇（乡）规划建设范围内设置，基于政府责任和义务为居民提供有偿或无偿公共产品和服务的各种建筑物、构筑物、设备等。④市政工程，一般属于国家的基础建设，是指城市建设中的各种公共交通设施、给水、排水、燃气、城市防洪、环境卫生及照明等。

与其他规范相比较，本规范适用范围增加了市政建设工程。因规范部分条文涉及市政建设工程，市政消防也将按本规范的部分条文执行。同时，建筑消防设计也应与市政消防设计做好衔接、协调工作，尤其是新建筑和旧市政、旧建筑和新市政等结合区域。

【1.0.3】消防给水及消火栓系统的设计、施工、验收和维护管理应遵循国家的有关方针政策，结合工程特点，采取有效的技术措施，做到安全可靠、技术先进、经济适用、保护环境。

解读：本条规定了设计原则。除执行本规范外，尚应遵守国家、地方有关方针政策；规范条文有冲突时，可按照规范等级标准判别；“安全可靠、技术先进、经济适用、保护环境”是设计的指导思想，首先考虑安全可靠，其次考虑技术先进，再次考虑经济，最后兼顾环境保护。

规范、国家、地方有关方针政策，一脉相承又各有不同，而工程特点更是千差万别，要同时满足，不仅需要设计人员拥有扎实的理论基础，更要有丰富的项目经验。单凭所谓个人理解，照本宣科、纸上谈兵，或者眼中只有本专业没有全局观，是无法圆满完成设计任务的。设计之不易，可见一斑，优秀设计应能够统筹兼顾，本条也是评判系统优劣的总则。

【1.0.4】工程中采用的消防给水及消火栓系统的组件和设备等应为符合国家现行有关标准和准入制度要求的产品。

解读：系统组件、设备事关系统能否安全运行，设计、施工中使用符合要求的组件、设备是基本前提，本条规定设计、施工采用的组件、设备必须符合国家现行有关标准（设计标准，制造标准、安装标准等)。设计、施工采用的组件、设备必须经国家认可的专门认证机构认证；准入制定再次保障了组件、设备质量。即使符合标准，未经认证也不能使用，两者缺一不可；消防产品强制性认证产品目录由公安部每年颁布《强制性认证消防产品目录》，设计时，应特别注意。

【1.0.5】消防给水及消火栓系统的设计、施工、验收和维护管理，除应符合本规范外，尚应符合国家现行有关标准的规定。

解读：本规范属于同期较早出台的消防技术规范，《建筑设计防火规范》GB 50016、《高层民用建筑设计防火规范》GB 50045、其他灭火系统规范以及标准图集均在修订完善中，本规范和现行相关标准不一致时按以下原则执行：首先，按照国家、行业、产品标准体系判断，上级标准优先执行，遇地方标准与其他标准矛盾时，以地方标准为优先级；其次，按照从属关系判定，本规范为技术规范，二者不一致时，执行母规；再次，按照规范执行时间判定，矛盾时按照后出规范执行。使用时请务必准确判定各相关条款效力的优先级。

第 2 章　术　　语

2.1　条文解读

【2.1.1】消防水源

向水灭火设施、车载或手抬等移动消防水泵、固定消防水泵等提供消防用水的水源，包括市政给水、消防水池、高位消防水池和天然水源等。

解读：本条术语不是十分严谨，容易产生歧义。首先，车载或手抬等移动消防泵、固定消防泵也属于水灭火设施；其次，提供的消防用水没有明确数量的要求。本术语应理解为：向水灭火设施提供满足火灾延续时间内全部消防用水量的水源。

【2.1.2】高压消防给水系统

能始终保持满足水灭火设施所需的工作压力和流量，火灾时无须消防水泵直接加压的供水系统。

解读：系统始终保持水灭火设施所需要的工作压力、系统始终满足水灭火设施所需要的流量、火灾时系统有无消防水泵直接加压是判定标准。

按照上述定义，高压消防给水系统可能存在于下列给水系统中：

（1）当市政压力可以始终满足建筑物（群）的消防用水流量和工作压力时。

（2）当高位消防水池储存建筑物（群）火灾延续时间内的消防用水量，且水池的设置高度满足最不利消防设施要求的工作压力时。

其给水系统简图一般有下列两种，见图 2.1-2.1.2-1 和图 2.1-2.1.2-2。

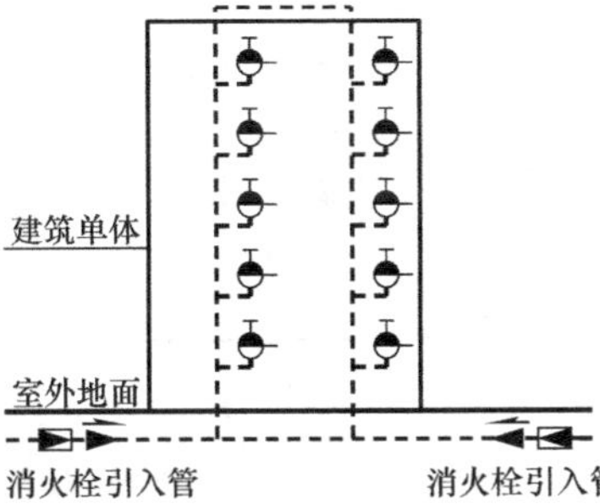

图 2.1-2.1.2-1 市政直供高压给水系统

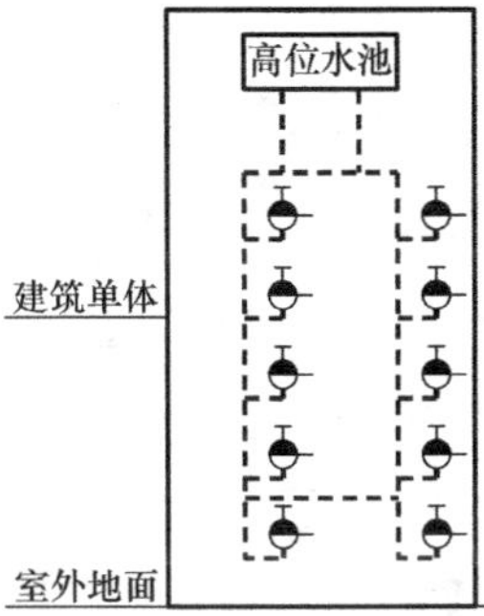

图 2.1-2.1.2-2 高位消防水池高压给水系统

【2.1.3】 临时高压消防给水系统

平时不能满足水灭火设施所需的工作压力和流量，火灾时能自动启动消防水泵以满足水灭火设施所需的工作压力和流量的供水系统。

解读：该条文须与条文 2.1.2 结合理解，系统不能始终保持水灭火设施所需要的工作压力和流量，但启动消防水泵时又能满足工作压力和流量是判断临时高压的标准；“自动启动”意味消防水泵不能仅靠人工、现场按钮启动，需要压力开关、流量开关等装置联动启动。

按照上述定义，临时高压消防给水系统可能存在于下列给水系统中：

（1）平时不能满足水灭火设施所需要的工作压力和流量，启动消防水泵时又能满足水灭火设施所需要的工作压力和流量。

（2）平时能满足水灭火设施所需要的工作压力，但不能满足流量，启动消防水泵时又能同时满足水灭火设施所需要的工作压力和流量。

临时高压消防给水系统示意图可见图 2.1-2.1.3-1、图 2.1-2.1.3-2、图 2.1-2.1.3-3、图 2.1-2.1.3-4。

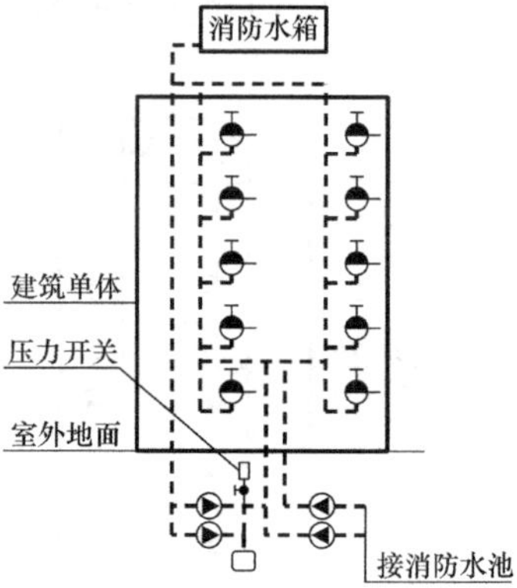

图 2.1-2.1.3-1 临时高压消防给水系统一

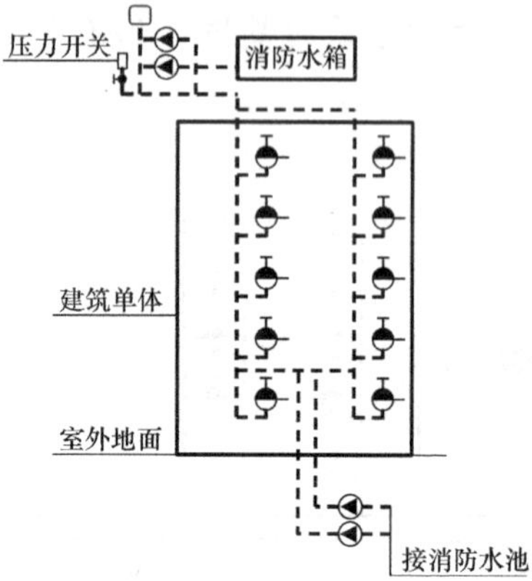

图 2.1-2.1.3-2 临时高压消防给水系统二

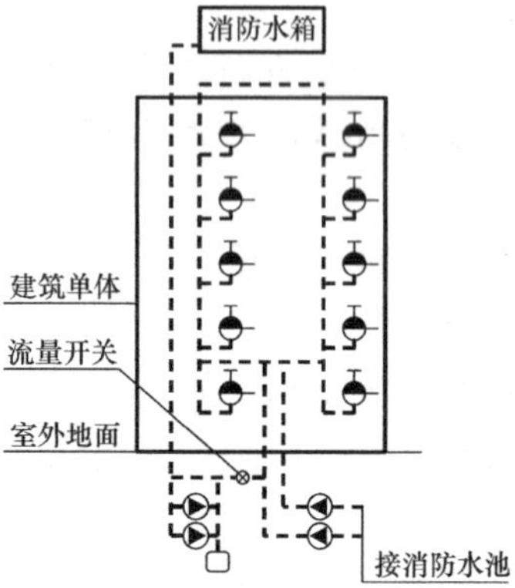

图 2.1-2.1.3-3 临时高压消防给水系统三

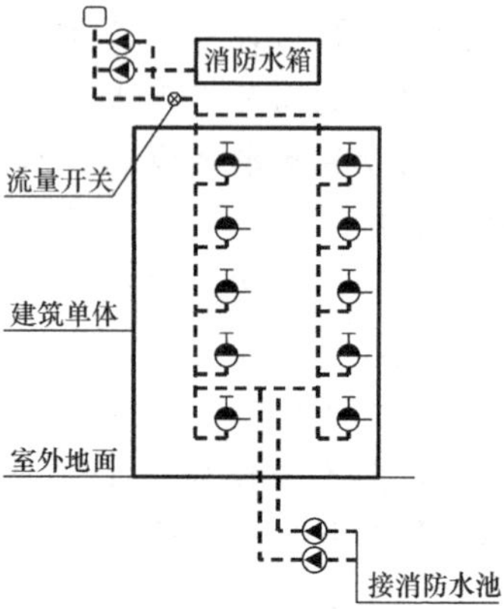

图 2.1-2.1.3-4 临时高压消防给水系统四

【2.1.4】 低压消防给水系统

能满足车载或手抬移动消防水泵等取水所需的工作压力和流量的供水系统。

解读：系统能不能满足取水所需的工作压力、系统能不能满足取水所需的流量是判断低压消防给水系统的标准。

按照上述定义，低压消防给水系统可能存在于下列给水系统中：

（1）市政管网直供（见图2.1-2.1.4-1）。

（2）高位消防水池供水，但需车载或手抬移动消防水泵二次加压（见图2.1-2.1.4-2）。

（3）专用消防水泵的低压制。

① 室外消防水泵＋稳压泵：平时由稳压泵维持管网充水和压力（稳压泵启泵时压力不得小于室外消防水泵启泵点的压力＋0.07MPa～0.10MPa），火灾时压力下降至某值时启动室外消防水泵，室外消防水泵的扬程须保证在最不利处栓口压力从地面算起不应小于0.10MPa（见图2.1-2.1.4-3）；

② 室外消防水泵＋市政给水管稳压：平时由市政水压维持管网充水和压力，火灾时由消控中心或流量开关或室外消火栓处按钮启动室外消防水泵，室外消防水泵的扬程需保证在最不利处栓口压力从地面算起不应小于0.10MPa（见图2.1-2.1.4-4），此方式有市政水源与备用水源（消防水池水源算不算备用水源存在争议）直接连接的嫌疑；

（4）室外消防水泵＋屋顶消防水箱稳压：平时由屋顶消防水箱维持管网充水和压力，火灾时通过管网上的流量开关控制室外消防水泵启动，室外消防水泵的扬程须保证在最不利处栓口压力从地面算起不应小于0.10MPa（见图2.1-2.1.4-5）。

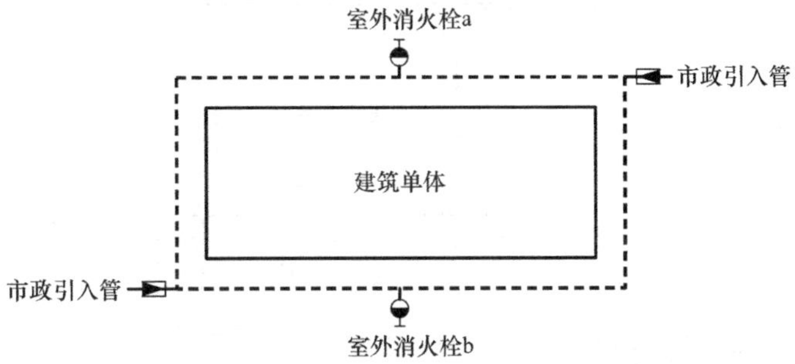

图2.1-2.1.4-1 市政直供低压给水系统

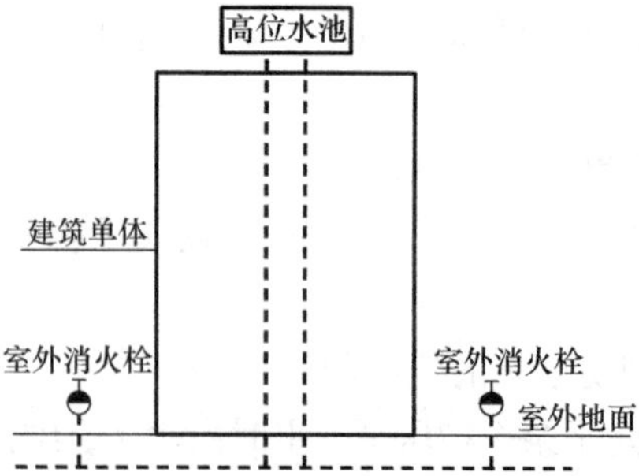

图 2.1-2.1.4-2　高位消防水池低压给水系统

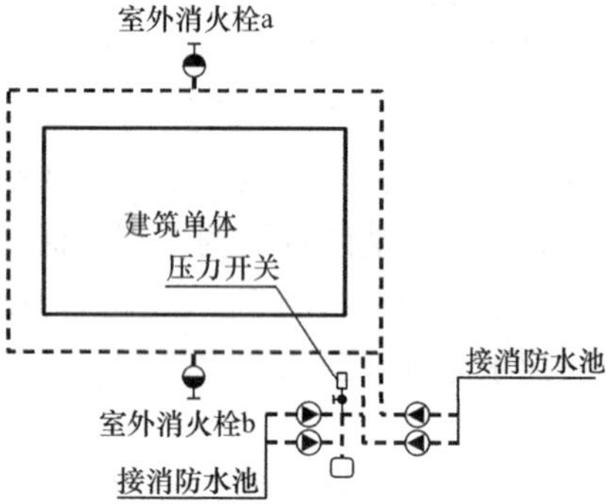

图 2.1-2.1.4-3　消防水泵和稳压泵的低压给水系统

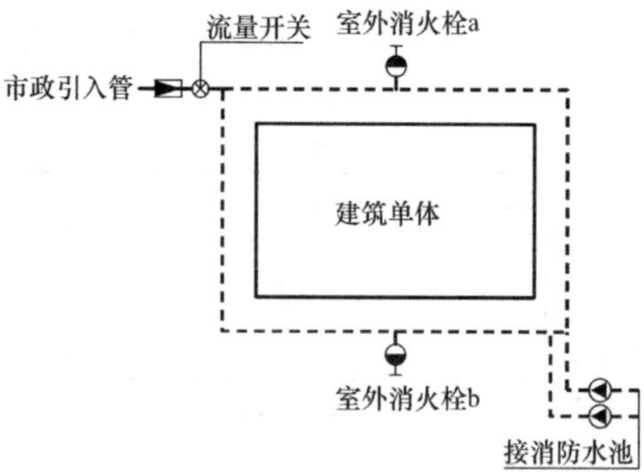

图 2.1-2.1.4-4　消防水泵和市政稳压的低压给水系统

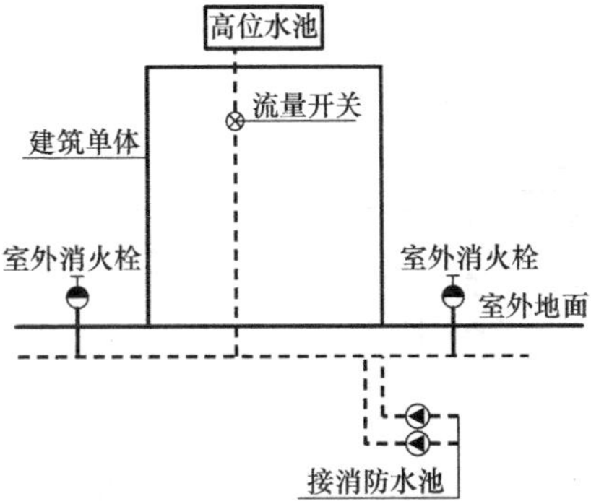

图 2.1-2.1.4-5　消防水泵和水箱稳压的低压给水系统

【2.1.6】 高位消防水池

设置在高处直接向水灭火设施重力供水的储水设施。

【2.1.7】 高位消防水箱

设置在高处直接向水灭火设施重力供应初期火灾消防用水量的储水设施。

解读：全程消防供水和初期消防供水是判断高位消防水池与高位消防水箱区别的标准，见表 2.1-2.1.7-1。

高位消防水池和高位消防水箱主要区别　　　　**表 2.1-2.1.7-1**

	有效容积	高度要求	是否分隔	补水要求
高位消防水池	≥50%总用水量	栓口动压	分两格	两根补水管，满足延续时间内剩余补水量
高位消防水箱	6～100m^3	7～15m 静压	可不分	单根补水管，8h 充满

高位消防水池和高位消防水箱示意图见图 2.1-2.1.6-1 和图 2.1-2.1.7-1。

【2.1.11】 静水压力

消防给水系统管网内水在静止时管道某一点的压力，简称静压。

解读：如何理解水的静止状态点是判断静水压力的标准，

静水压力和动水压力分类见“8.3.2 拓展思考1”。

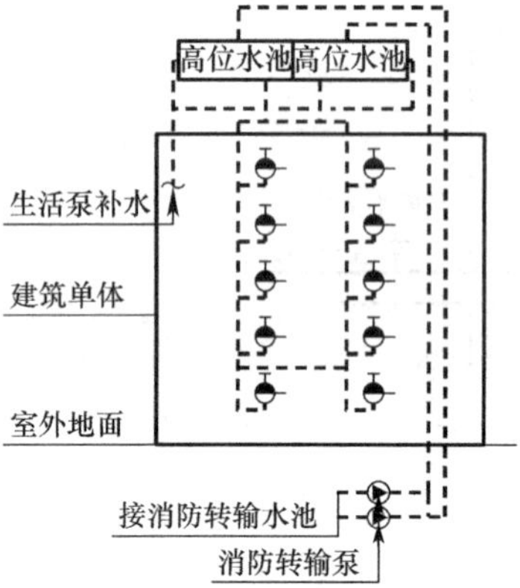

图 2.1-2.1.6-1 高位消防水池

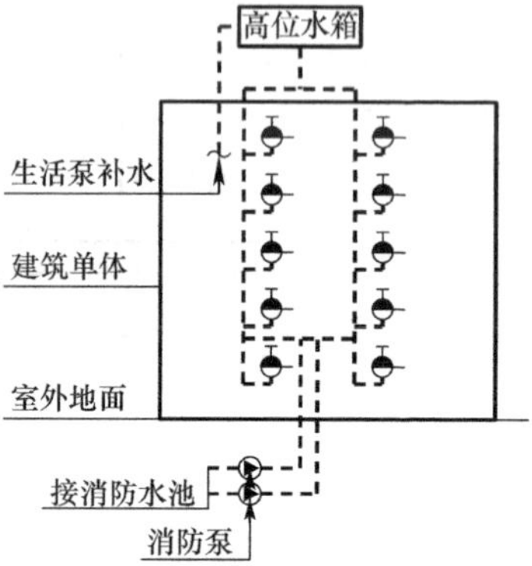

图 2.1-2.1.7-1 高位消防水箱

关于静水压力的分区一直以来有两种解释：①高位消防水箱与管网某一点处（A点）之间的高度差（见图2.1-2.1.11-1）；②稳压水泵停泵点时，在管网某一点处（B点）的压力值，此时管道中没有水流动，因此没有水头损失（见图2.1-2.1.11-2）。稳压装置的压力是属于动压还是静压，目前规范没有明确的规定，有比较大的争议，结合《栓规》条文6.2.1第2款“消火栓栓口处静压大于1.0MPa时应分区供水”来判断，《栓规》采用的是稳压水泵停泵点来作为静水压力的分区（详细理由见《栓规》条文6.2.1解读）。

【2.1.12】 动水压力

消防给水系统管网内水在流动时管道某一点的总压力与速度压力之差，简称动压。

解读：比较条文2.1.11静水压力，那么动水压力就是主泵启动时，在管网某一点处的动水压力值（此时管道中的水在流动，因此要计水头损失）。此时的压力可以是消火栓一股水柱或一个喷头对应主泵启动时在某点的动水压力值，也可以是主泵在自检时在某点的动水压力值，亦可以是主泵在额定工况下的动水压力值。

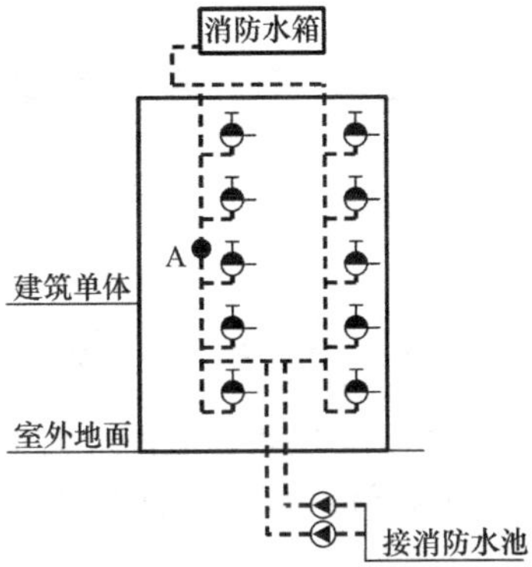

图 2.1-2.1.11-1　静水压力示意图一

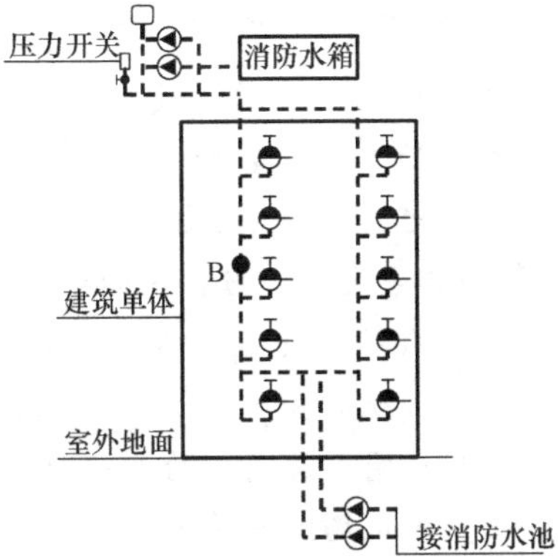

图 2.1-2.1.11-2　静水压力示意图二

第3章 基本参数

3.1 条文综述

本章条文共计34条，无强条。对同一时间内火灾起数、消防给水设计流量、火灾延续时间、消防用水量等基本参数作出规定。

3.2 条文解读

【3.1.1】 工厂、仓库、堆场、储罐区或民用建筑的室外消防用水量，应按同一时间内的火灾起数和一起火灾灭火所需室外消防用水量确定。同一时间内的火灾起数应符合下列规定：

1 工厂、堆场和储罐区等，当占地面积小于等于$100hm^2$，且附有居住区人数小于或等于1.5万人时，同一时间内的火灾起数应按1起确定；当占地面积小于等于$100hm^2$，且附有居住区人数大于1.5万人时，同一时间内的火灾起数应按2起确定，居住区应计1起，工厂、堆场或储罐区应计1起；

2 工厂、堆场和储罐区等，当占地面积大于$100hm^2$，同一时间内的火灾起数应按2起确定，工厂、堆场和储罐区应按需水量最大的两座建筑（或堆场、储罐）各计1起；

3 仓库和民用建筑同一时间内的火灾起数应按1起确定。

解读：本条为室外消防用水量的计算规定及火灾起数的确定方法，条文里面有下列概念：室外消防用水量、火灾起数、同一时间。

（1）室外消防用水量，不是设计流量，用水量是体积参数，计算方法可以简化为：室外消防用水量（V）＝Σ一起火灾室外消防用水量＝Σ灭火设计连续供水时间（t）×一起火灾室外设计流量（Q）。

（2）根据《栓规》3.6.2条文说明“火灾延续时间是水灭火设施达到设计流量的供水时间……随着各种水灭火设施的普及，其概念也在发展，主要为设计流量的供水时间”，火灾发生起数可以有两种解释方式：①两栋建筑或者两个防火分区同时发生火灾；②同一栋建筑或同一个防火分区24（48）h内再次发生火灾，显然此处规范选择的理解按方式①。

（3）工厂、堆场和储罐区与居住区有严格的分区管理界限，一般分属不同的物业管理，两者之间有严格的产权分界，故当规模达到一定程度后，可各自独立设计区域消防，自然可以按两起火灾计。而仓库和民用建筑往往是使用功能、使用周期类似，即使达到一定规模，火灾危险系数增大，也无法人为去划分界限，火灾的发生地点不是以人的意志为转移的；但当建筑群由不同的物业管理、规划功能分区明确、跨越市政道路等因素存在时，为方便管理、产权清晰，避免引起两不管的情况，可按此为分组界限，各组内独立考虑区域消防。

《栓规》与地方规范比较：

《栓规》条文3.3.2注第4款“当单座建筑的总建筑面积大于500000m^2时，建筑物室外消火栓设计流量应按本表规定的最大值增加一倍”。《四川省特大规模民用建筑（群）消防给水设计导则》（以下简称《导则》）条文3.1.1“特大规模民用建筑（群）的室内消防给水系统应分组进行供水；分组宜按建筑条件（平面布置、建筑高度、各幢（部）使用功能等）、室外给水条件（市政管道布置、水量和水压等）、疏散和救援条件（消防站设置、消防车道、登高扑救面和疏散场地等）等方面进行综合分析比较后合理进行分组；下部为一座共同的裙房或底部建筑，上部由两幢及两幢以上高层建筑组成的综合楼，宜以高层建筑为主体进行竖向分组，连接高层建筑的下部裙房或底部建筑以防火分区进行划分，分别归属在上部建筑的分组之中；综合楼根据其使用性质、产权归属等因素，可按上、下部分建筑进行水平分组……”。《导则》中强调分组设计，只要划分为两组（分组比较随意，无严格的限制）建筑面积均小于500000m²，可分别按一次火灾设计，在各分组内独立设计消防泵组和管网，分组之间不存在交叉，与常规设计无异；《导则》中人为地假设两起火灾区域，实际可能会出现一组内发生两起火灾的情况，有安全隐患，难以自圆其说。

《栓规》考虑到《导则》中的弊端比较难协调，故未采纳该方式进行设计。如按无分组的两起火灾设计，泵组的控制可靠性（什么时候启动一台，什么时候启动两台）不一定能保证、管网又该如何设计，整个消防系统将会复杂化。建筑规模达到一定程度，火灾危险系数确实增大，考虑到这个因素，为此通过增加室外消防设计流量来加强外救的方式提高安全系数。

正在编制中的广东省标准《超高层建筑消防给水设计规范》倾向于当建筑群为一个物业管理时，尽量采用区域消防给水系统，不要求考虑2起火灾。即当建筑群统一管理时，即使总建筑面积超过500000m²，也按1起火灾设计；当单体建筑总建筑面积超过500000m²，按1起火灾设计。

【3.1.2】 一起火灾灭火所需消防用水的设计流量应由建筑的室外消火栓系统、室内消火栓系统、自动喷水灭火系统、泡沫灭火系统、水喷雾灭火系统、固定消防炮灭火系统、固定冷却水系统等需要同时作用的各种水灭火系统的设计流量组成，并应符合下列规定：

1 应按需要同时作用的各种水灭火系统最大设计流量之和确定；

2 两座及以上建筑合用消防给水系统时，应按其中一座设计流量最大者确定；

3 当消防给水与生活、生产给水合用时，合用系统的给水设计流量应为消防给水设计流量与生活、生产用水最大小时流量之和。计算生活用水最大小时流量时，淋浴用水量宜按15%计，浇洒及洗刷等火灾时能停用的用水量可不计。

解读：本条为1起火灾灭火所需消防用水设计流量的确定方法，消防用水设计流量为引入管管径设计依据，是判断能否采用市政管网的设计参数之一。

本条应用难点及解决方式如下：

(1) 同时作用：按条文说明“……其设计流量是根据每个保护区同时作用的各种系统设计流量的叠加”，消防给水一起火灾灭火设计流量应为每一个防火分区总消防用水量比较后取的最大值，判断流量叠加是其难点，消防系统设计流量叠加的确定可参照下列方法进行：

① 流量叠加：以防火分区或建筑业态为单元，按消防的各系统在该防火分区内的流量叠加，取最大值即为设计流量总值，并以此为基础计算消防总用水量。

② 相类似系统流量不叠加：自动喷淋、水喷雾、大空间属同类系统；消火栓、消防炮属同类系统，几种系统同时存在时，取最大一种的设计流量作为该类系统的总流量，并以此为基础计算消防总用水量。

(2) 生活用水最大小时流量：按给水排水设计规范的相关计算原则选取（淋浴按其最大时用水量的15%计，道路、浇洒水景补水量可不计算，有别于给水工程计算的最大时设计流量），其中的淋浴用水是指公共浴池淋浴用水，非居民生活淋浴用水。

(3) 举例说明：某高层综合楼（地下室为汽车库）室外消火栓设计流量40L/s（汽车库为20L/s）；室内消火栓设计流量40L/s（汽车库为10L/s）；自动喷淋设计流量30L/s（汽车库为40L/s）；大空间智能灭火系统设计流量10L/s；地下室柴油发电机房水喷雾系统设计流量35L/s；火灾延续时间取3h（其中喷淋系统和喷雾系统取1h）。

1）消防系统的最大流量叠加按建筑业态分别计算如下：

① 地上建筑设计流量＝40L/s［室外消火栓设计流量］＋40L/s［室内消火栓设计流量］＋30L/s［自动喷淋设计流量］＝110L/s；

② 地下建筑设计流量＝20L/s［室外消火栓设计流量］＋10L/s［室内消火栓设计流量］＋40L/s［自动喷淋设计流量］＝70L/s；

故该建筑消防系统的瞬时最大流量为110L/s，系统管网按此标准设计。

2）消防系统的最大设计用水量按建筑业态分别计算如下：

① 地上建筑设计总用水量＝（40L/s［室外消火栓设计流量］＋40L/s［室内消火栓设计流量］）×3.6×3＋30L/s［自动喷淋设计流量］×3.6＝972m^3；

② 地下建筑设计总用水量＝（20L/s［室外消火栓设计流量］＋10L/s［室内消火栓设计流量］）×3.6×3＋40L/s［自动喷淋设计流量］×3.6＝468m^3；

故该建筑消防系统的最大总用水量为972m^3，系统有效储水量按此标准设计。

【3.1.3】 自动喷水灭火系统、泡沫灭火系统、水喷雾灭火系统、固定消防炮灭火系统等水灭火系统的消防给水设计流量，应分别按现行国家标准《自动喷水灭火系统设计规范》GB 50084、《泡沫灭火系统设计规范》GB 50151、《水喷雾灭火系统设计规范》GB 50219和《固定消防炮灭火系统设计规范》GB 50338等有关规定执行。

【3.6.3】 自动喷水灭火系统、泡沫灭火系统、水喷雾灭火系统、固定消防炮灭火系统、自动跟踪定位射流灭火系统等水灭火系统的火灾延续时间，应分别按现行国家标准《自动喷水灭火系统设计规范》GB 50084、《泡沫灭火系统设计规范》GB 50151、《水喷雾灭火系统设计规范》GB 50219和《固定消防炮灭火系统设计规范》GB 50338的有关规定执行。

解读：本规范属于同期较早出台的消防技术规范，在目前《建筑设计防火规范》GB 50016、《高层民用建筑设计防火规范》GB 50045 合并版本规范未执行前，母规范还是《建筑设计防火规范》GB 50016、《高层民用建筑设计防火规范》GB 50045，待合并版本执行后，合并版本替换《建筑设计防火规范》GB 50016、《高层民用建筑设计防火规范》GB 50045 为母规范，什么情况设室外消火栓、室内消火栓、自动喷淋等问题按母规范要求执行。《栓规》仅仅是替代《建筑设计防火规范》GB 50016、《高层民用建筑设计防火规范》GB 50045 相关部分内容，其他专项规范仍应执行，使用时请务必准确判定各相关条款效力的优先级。

【3.1.4】本规范未规定的建筑室内外消火栓设计流量，应根据其火灾危险性、建筑功能性质、耐火等级和建筑体积等相似建筑确定。

解读：规范未规定的建筑消防给水设计流量的确定原则为相似原则。火灾危险相似、功能性质相似、耐火等级相似、建筑体积相似，各指标应统一考虑，不可分割。本条拓宽了规范应用范围，给难以消防定性的建筑确定消防给水设计流量提供了依据。

【3.2.2】城镇市政消防给水设计流量，应按同一时间内的火灾起数和一起火灾灭火设计流量经计算确定。同一时间内的火灾起数和一起火灾灭火设计流量不应小于表 3.2.2 的规定。

城镇同一时间内的火灾起数和一起火灾灭火设计流量　　表 3.2.2

人数（万人）	同一时间内的火灾起数（起）	一起火灾灭火设计流量（L/s）
$N \leq 1.0$	1	15
$1.0 < N \leq 2.5$		20

续表

人数（万人）	同一时间内的火灾起数（起）	一起火灾灭火设计流量（L/s）
2.5<N≤5.0	2	30
5.0<N≤10.0		35
10.0<N≤20.0		45
20.0<N≤30.0		60
30.0<N≤40.0		75
40.0<N≤50.0	3	
50.0<N≤70.0		90
N>70.0		100

解读：本条规定了市政消防给水设计流量的计算方法：市政消防给水设计流量＝同一时间内火灾起数×一起火灾灭火设计流量，和条文3.2.1条相比，本条具有实用性。

从表3.2.2中可以看出：同一时间内的火灾起数和一次灭火设计流量都只和人数有关；按照大、中、小城市规定：50万人以下为小城市，100万人以下为中等城市，100万人以上为大城市；大城市3次火灾，用水量为100L/s，设计消防给水流量为3×100＝300L/s。

市政消防给水设计流量和火灾起数的选取标准是按城镇管辖人数而非城镇内的建筑规模，该组数据是规划部门规划市政管网的依据，在规划阶段也无法预知建筑规模和类型，故按人数来作为定额指标相对比较合理。

【3.3.1】 建筑物室外消火栓设计流量，应根据建筑物的用途功能、体积、耐火等级、火灾危险性等因素综合分析确定。

解读：本条规定了建筑物室外消防用水量的确定原则，与表3.3.2相对应。

【3.3.2】 建筑物室外消火栓设计流量不应小于表3.3.2的规定。

建筑物室外消火栓设计流量（L/s）　　表3.3.2

<table>
<tr><th rowspan="2">耐火等级</th><th rowspan="2" colspan="3">建筑物名称及类别</th><th colspan="6">建筑体积 V（m^3）</th></tr>
<tr><th>$V\leqslant1500$</th><th>$1500<V\leqslant3000$</th><th>$3000<V\leqslant5000$</th><th>$5000<V\leqslant20000$</th><th>$20000<V\leqslant50000$</th><th>$V>50000$</th></tr>
<tr><td rowspan="10">一、二级</td><td rowspan="6">工业建筑</td><td rowspan="3">厂房</td><td>甲、乙</td><td colspan="2">15</td><td>20</td><td>25</td><td>30</td><td>35</td></tr>
<tr><td>丙</td><td colspan="2">15</td><td>20</td><td>25</td><td>30</td><td>40</td></tr>
<tr><td>丁、戊</td><td colspan="5">15</td><td>20</td></tr>
<tr><td rowspan="3">仓库</td><td>甲、乙</td><td colspan="2">15</td><td colspan="2">25</td><td colspan="2">—</td></tr>
<tr><td>丙</td><td colspan="2">15</td><td colspan="2">25</td><td>35</td><td>45</td></tr>
<tr><td>丁、戊</td><td colspan="5">15</td><td>20</td></tr>
<tr><td rowspan="3">民用建筑</td><td colspan="2">住宅</td><td colspan="6">15</td></tr>
<tr><td rowspan="2">公共建筑</td><td>单层及多层</td><td colspan="3">15</td><td>25</td><td>30</td><td>40</td></tr>
<tr><td>高层</td><td colspan="3">—</td><td>25</td><td>30</td><td>40</td></tr>
<tr><td colspan="3">地下建筑（包括地铁）、平战结合的人防工程</td><td colspan="3">15</td><td>20</td><td>25</td><td>30</td></tr>
<tr><td rowspan="3">三级</td><td rowspan="2">工业建筑</td><td colspan="2">乙、丙</td><td>15</td><td>20</td><td>30</td><td>40</td><td>45</td><td>—</td></tr>
<tr><td colspan="2">丁、戊</td><td colspan="3">15</td><td>20</td><td>25</td><td>35</td></tr>
<tr><td colspan="3">单层及多层民用建筑</td><td colspan="2">15</td><td>20</td><td>25</td><td>30</td><td>—</td></tr>
<tr><td rowspan="2">四级</td><td colspan="3">丁、戊类工业建筑</td><td colspan="2">15</td><td>20</td><td>25</td><td colspan="2">—</td></tr>
<tr><td colspan="3">单层及多层民用建筑</td><td colspan="2">15</td><td>20</td><td>25</td><td colspan="2">—</td></tr>
</table>

注：1. 成组布置的建筑物应按消火栓设计流量较大的相邻两座建筑物的体积之和确定；

2. 火车站、码头和机场的中转库房，其室外消火栓设计流量应按相应耐火等级的丙类物品库房确定；

3. 国家级文物保护单位的重点砖木、木结构的建筑物室外消火栓设计流量，按三级耐火等级民用建筑物消火栓设计流量确定；

4. 当单座建筑的总建筑面积大于 500000m^2 时，建筑物室外消火栓设计流量应按本表规定的最大值增加1倍。

解读：本条对各种建筑物的最小室外消火栓设计流量作出规定，“不小于”表格流量表明表格流量为最小设计流量。

（1）表格使用方法：

① 确定耐火等级，建筑专业提供的条件图中一般均有注明，以一、二级居多；

② 确定建筑物用途、功能，是工业建筑（厂房、仓库）、还是民用建筑，亦是地下建筑；

③ 计算建筑物体积（地上、地下分别计算）；

④ 依据上述参数查表即可得到该建筑物的最小室外消火栓设计流量。

（2）建筑物体积计算方法：

① 地下、地上分别计算；

② 体积为所有建筑围合表面内的容积，应按建筑最外层表面计算；

③ 地上、地下室外消防设计流量各自查表比较后取大值作为本建筑物的室外消火栓设计流量。

④ 当民用建筑中附属设有仓储类功能时，仓储功能区的室外消火栓设计流量可按仓储区域体积独立计算后查表。

（3）表格和解读的应用难点："成组布置的建筑物"如何确定。

① 根据《建筑设计防火规范》GB 50016、《高层民用建筑设计防火规范》GB 50045 合并版报批稿条文 5.2.4"除高层民用建筑外，数座一、二级耐火等级的住宅建筑或办公建筑，当建筑物的占地面积总和不大于 2500m^2 时，可成组布置，但组内建筑物之间的间距不宜小于 4m，组与组或组与相邻建筑物的防火间距不应小于本规范 5.2.2 条的规定。"

② 根据《建筑设计防火规范》GB 50016 第 3.4.8 条"除高层厂房和甲类厂房外，其他类别的数座厂房占地面积之和小于本规范第 3.3.1 条规定的防火分区最大允许建筑面积（按照其中较小者确定，但防火分区的最大允许建筑面积不限者，不应超过 10000m^2）时，可成组布置。当厂房建筑高度≤7m 时，组内厂房之间的防火间距≥4m；当厂房建筑高度＞7m 时，组内厂

房之间的防火间距≥6m。”

由上述规定可知：成组布置的建筑物需要满足一定条件：①有建筑面积要求，工业建筑≤10000m²，民用建筑占地面积≤2500m²；②有防火间距要求；③只适合特定建筑，厂房不适合高层厂房、甲类厂房，民用建筑只适合住宅和办公楼。

成组布置的建筑物防火间距缩小，通过建筑构造处理，仍满足防火间距要求；室外消火栓设计流量提高等级，是对缩小防火间距的加强设计，属于合理理由。成组布置的建筑物室外消防设计流量由《建筑设计防火规范》GB 50016 的流量叠加更改为体积叠加后查表确定总流量，即由原来的两个最大流量叠加改为体积叠加后根据总体积查表所得设计流量。

以下对成组布置的理解均不正确：①建筑面积大于500000m²的建筑群理解为成组布置；②凡是建筑群均理解为成组布置（属过度设计）；③将建筑物的防火间距不能满足防火规范要求时的建筑物群理解为成组布置（既然建筑物之间防火间距小于防火规范要求，那么在消防上就不能叫建筑群，而属于一栋建筑，应按总体积确定设计流量）。

【3.3.3】 宿舍、公寓等非住宅类居住建筑的室外消火栓设计流量，应按本规范表 3.3.2 中的公共建筑确定。

【3.5.4】 宿舍、公寓等非住宅类居住建筑的室内消火栓设计流量，当为多层建筑时，应按本规范表 3.5.2 中的宿舍、公寓确定，当为高层建筑时，应按本规范表 3.5.2 中的公共建筑确定。

解读：本条理解的关键在于“非住宅类居住建筑”，居住建筑指日常供人们生活、起居使用的建筑物，一般包括：住宅、别墅、宿舍、公寓等，本条所指“非住宅类居住建筑”除宿舍、公寓外，尚应包括别墅（有争议）。

表中有单层及多层和高层两档，高层建筑如何确定是使用本表的关键。按《建筑设计防火规范》GB 50016 和《高层民用建筑设计防火规范》GB 50045 合并版报批稿中对于高层建筑的定义：建筑高度大于 27m 的住宅建筑和 2 层及以上、建筑高度大于 24m 的其他建筑。《高层民用建筑设计防火规范》GB 50045 和《建筑设计防火规范》GB 50016 把 9 层及 9 层以下的非住宅类居住建筑划到多层建筑范畴，现在统一划到高层建筑范畴，在选择室内外消防用水量查表时应按高层公共建筑这档。

按《建筑设计防火规范》GB 50016 和《高层民用建筑设计防火规范》GB 50045 合并版报批稿中对于建筑高度的计算方法为：当为平屋面（包括有女儿墙的平屋面）时，应为建筑物室外设计地面到其屋面面层的高度；当为坡屋面时，应为建筑物室外设计地面到其檐口的高度；当同一座建筑物有多重屋面形式时，按照上述方法分别计算，取大值作建筑物的建筑高度。

高层公共建筑和多层公共建筑以建筑高度 24m 为分界线，当建筑高度＞24m 时，为高层；当建筑高度≤24m 时，为多层或单层；超过 24m 的单层建筑也为单层及多层建筑范畴。

对于非住宅类居住建筑（非单层建筑），原规范定义多层居住建筑的条件如图 3.2-3.3.3-1 所示，《建筑设计防火规范》GB 50016 和《高层民用建筑设计防火规范》GB 50045 合并版报批稿定义多层居住建筑的条件如图 3.2-3.3.3-2 所示；对于住宅类居住居住建筑（非单层建筑），原规范定义多层建筑的条件如图 3.2-3.3.3-3 所示，《建筑设计防火规范》和 GB 50016《高层民用建筑设计防火规范》GB 50045 合并版报批稿定义多层建筑的条件如图 3.2-3.3.3-4 所示。

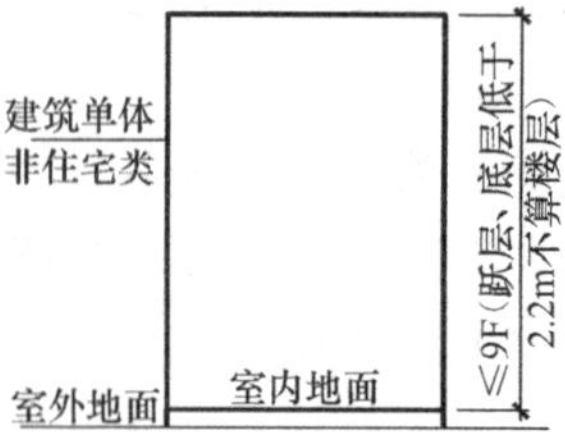

图 3.2-3.3.3-1　现行规范定义非住宅类多层居住建筑

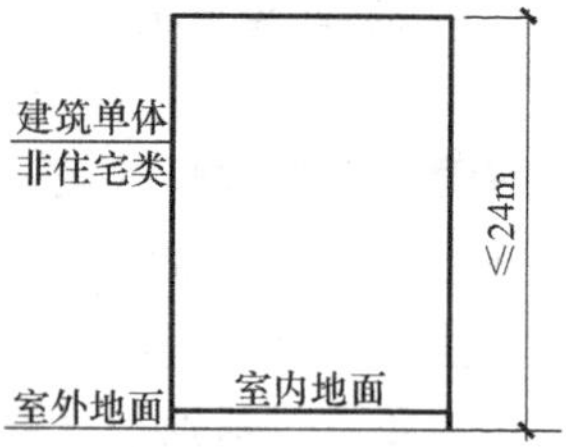

图 3.2-3.3.3-2　报批稿定义非住宅类多层居住建筑

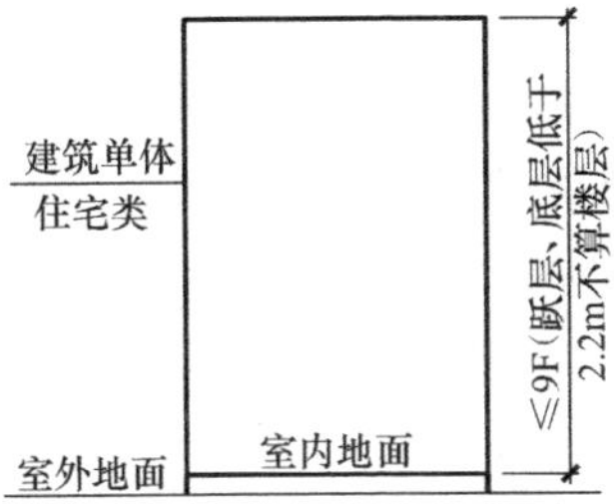

图 3.2-3.3.3-3 现行规范定义住宅类多层建筑

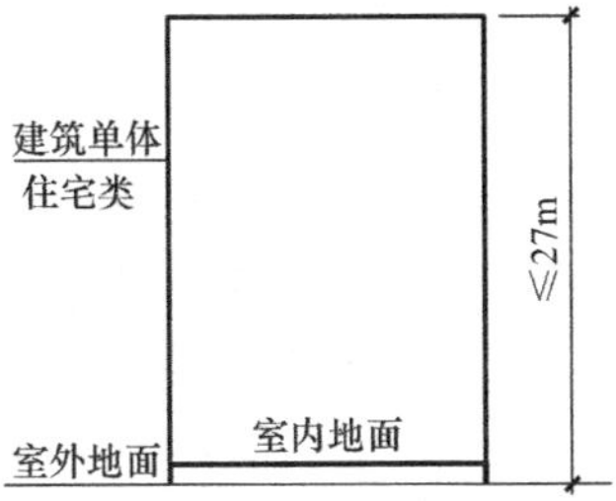

图 3.2-3.3.3-4 报批稿定义住宅类多层建筑

【3.4.1】 以煤、天然气、石油及其产品等为原料的工艺生产装置的消防给水设计流量，应根据其规模、火灾危险性等因素综合确定，且应为室外消防设计流量、泡沫灭火系统和固定冷却系统等水灭火系统的设计流量之和，并应符合下列规定：

1 石油化工厂工艺生产装置的消防给水设计流量，应符合现行国家标准《石油化工企业设计防火规范》GB 50160 的有关规定；

2 石油天然气工程工艺生产装置的消防给水设计流量，应符合现行国家标准《石油天然气工程设计防火规范》GB 50183 的有关规定。

解读：工艺装置如设置在室外，为构筑物消防，按照此条执行；如设置在室内，应按照厂房确定消防设计流量。

对于室外构筑物的水灭火手段主要为冷却和隔断空气，隔断空气采用的方法为泡沫灭火。

【3.4.2】 甲、乙、丙类可燃液体储罐的消防给水设计流量应按照最大罐组确定，并应按泡沫灭火系统设计流量，固定冷却水系统设计流量与室外消火栓设计流量之和确定，同时应符合下列规定：

1 泡沫灭火系统设计流量应按系统扑救储罐区一起火灾的固定式、半固定式或移动式泡沫混合液量及泡沫液混合比经计算确定，并应符合现行国家标准《泡沫灭火系统设计规范》GB

50151 的有关规定；

2 固定冷却水系统设计流量应按着火罐与邻近罐最大设计流量经计算确定，固定式冷却水系统设计流量应按表 3.4.2-1 或表 3.4.2-2 规定的设计参数经计算确定。

3 当储罐采用固定式冷却水系统时室外消火栓设计流量不应小于表 3.4.2-3 的规定，当采用移动式冷却水系统时室外消火栓设计流量应按表 3.4.2-1 或表 3.4.2-2 规定的设计参数经计算确定，且不应小于 15L/s。

解读：本条 3 款 3 个表格，仅解决了设计流量的确定方法，未解决如何设置、设置多少的问题。

本条为储罐消防设计流量提供计算依据，其应用难点在于正确理解储罐形式。固定顶罐，顾名思义，就是罐顶固定的储罐，与之相对的就是浮顶储罐，浮顶储罐分为浮顶储罐和内浮顶储罐（带盖内浮顶储罐）。

（1）浮顶储罐：浮顶储罐的浮顶是一个漂浮在贮液表面上的浮动顶盖，随着储液的输入输出而上下浮动，浮顶与罐壁之间有一个环形空间，这个环形空间有一个密封装置，使罐内液体在顶盖上下浮动时与大气隔绝，从而大大减少了储液在储存过程中的蒸发损失。

（2）内浮顶储罐：内浮顶储罐是带罐顶的浮顶罐，也是拱顶罐和浮顶罐相结合的新型储罐；内浮顶储罐的顶部是拱顶与浮顶的结合，外部为拱顶，内部为浮顶。

储罐消防设计流量就是各种计算流量叠加，规范对各种流量的计算方法又做了具体规定。

（1）储罐冷却水量应按照最大储罐计算确定，方法和规定如下：

固定式冷却　$q=$ 保护面积(m^2)

×喷水强度[L/(min·m^2)]　(3.2-3.4.2-1)

移动式冷却　$q=$ 保护长度(m)

×喷水强度[(L/(s·m)]　(3.2-3.4.2-2)

保护面积、保护长度按照规范内表格和注释规定确定，应用时应特别注意注释规定。

（2）储罐室外消火栓系统设计流量的确定方法和规定：当储罐采用固定式冷却时，按照表格规定选取；当采用移动式冷却水系统时，流量应计算确定：q_1＝保护长度（m）×喷水强度［L/（s·m）］，当 q_1<15L/s 时，取 q_1＝15L/s，此时移动式冷却水设计流量和室外消火栓设计流量相等。

（3）计算总设计流量时，应同时考虑，不能因为计算方法相同而不算，布置室外消火栓时，应按照二者设计流量之和考虑。

【3.4.4】 覆土油罐的室外消火栓设计流量应按最大单罐周长和喷水强度计算确定，喷水强度不应小于0.30［(L/（s·m)］；计算设计流量小于15L/s时，应采用15L/s。

解读：本条明确了覆土油罐的室外消火栓设计流量的确定方法和相关规定。覆土油罐室外消火栓设计流量 q_1＝保护长度(m)×0.30［L/(s·m)］，当 q_1<15L/s 时，取 q_1＝15L/s。

覆土油罐的火灾危险性较小，即使发生火灾，也因为存在覆土保护而控制在一定范围内，因此，需要的消防设计流量不大。当设计流量为15L/s时，油罐周长 L＝15/0.3＝50m；换算为直径为 D＝15.87m，一般埋地油罐的直径均不会大于该直径，因此，埋地油罐的室外消火栓设计流量一般可按照15L/s取值。

【3.4.5】 液化烃罐区的消防给水设计流量应按最大罐组确定，并应按固定冷却水系统设计流量与室外消火栓设计流量之和确定，同时应符合下列规定：

1 固定冷却水系统设计流量应按表3.4.5-1规定的设计参数经计算确定；室外消火栓设计流量不应小于表3.4.5-2的规定值；

2 当企业设有独立消防站，且单罐容积小于或等于 $100m^3$ 时，可采用室外消火栓等移动式冷却水系统，其罐区消防给水设计流量应按表 3.4.5-1 的规定经计算确定，但不应低于 100L/s。

解读：本条为液化烃罐区消防给水设计流量计算方法的规定，含 2 条 2 个表格。

条文表明：液化烃罐区的主要水消防方式为：冷却水系统和室外消火栓系统，因此，其室外消防设计流量可按下式进行计算：

$$q_1 = q_L(\text{冷却水设计流量}) + q_{sh}(\text{室外消火栓设计流量}) \qquad (3.2\text{-}3.4.5\text{-}1)$$

q_{sh} 确定比较简单，按照储量 W 查表 3.4.5-2 即可直接获得。

$$q_L = \text{保护面积 } F(m^2) \times \text{喷水强度}[L/(\min \cdot m^2)] \qquad (3.2\text{-}3.4.5\text{-}2)$$

q_L 计算关键在于确定储罐形式和计算保护表面积 $F(m^2)$。冷却水系统一般有固定式和移动式两种，固定式一般采用水喷雾冷却系统，当符合一定限定条件（设有独立的消防站或单罐容积 $W \leqslant 100m^3$）时，可采用移动式（常采用室外消火栓作为移动式冷却设施的供水设施）；采用移动式冷却水系统时，q_L 应经计算确定，但须满足 $q_L \geqslant 100L/s$。

【3.4.8】 空分站，可燃液体、液化烃的火车和汽车装卸栈台，变电站等室外消火栓设计流量不应小于表 3.4.8 的规定。当室外变压器采用水喷雾灭火系统全保护时，其室外消火栓给水设计流量可按表 3.4.8 规定值的 50%计算，但不应小于 15L/s。

解读：此条表明空分站、可燃液体、液化烃的火车和汽车的装卸栈台、变电站（不含房间）等构筑物的室外水消防手段为室外消火栓，即室外消火栓设计流量也就是其室外消防设计流量。

应用此表，注意表格下注即可，油浸变压器单台功率 $N <$ 300MV·A，周围无其他建筑物，无生产、生活给水等 3 个条

件必须同时满足，才能不设室外消火栓；无生产、生活给水是指周围无生产、生活供水管网，周围的范围可按照室外消火栓的保护半径判定。

【3.4.9】装卸油品码头的消防给水设计流量，应按着火油船泡沫灭火设计流量、冷却水系统设计流量、隔离水幕系统设计流量和码头室外消火栓设计流量之和确定，并应符合下列规定：

1 泡沫灭火系统设计流量应按系统扑救着火油船一起火灾的泡沫混合液量及泡沫液混合比经计算确定，泡沫混合液供给强度、保护范围和连续供给时间不应小于表3.4.9-1的规定，并应符合现行国家标准《泡沫灭火系统设计规范》GB 50151的有关规定；

2 油船冷却水系统设计流量应按消防时着火油舱冷却水保护范围内的油舱甲板面冷却用水量计算确定，冷却水系统保护范围、喷水强度和火灾延续时间不应小于表3.4.9-2的规定；

3 着火油船冷却范围应按下式计算：

$$F = 3L_{max}B_{max} - f_{max} \tag{3.4.9}$$

式中 F——着火油船冷却面积，m；

L_{max}——最大船的最大舱纵向长度，m；

B_{max}——最大船宽，m；

f_{max}——最大船的最大舱面积，m。

4 隔离水幕系统的设计流量应符合下列规定：

(1) 喷水强度宜为1.0～2.0 L/(s·m)；

(2) 保护范围宜为装卸设备的两端各延伸5m，水幕喷射高度宜高于被保护对象1.50m；

(3) 火灾延续时间不应小于1.0h，并应满足现行国家标准《自动喷水灭火系统设计规范》GB 50084的有关规定；

5 油品码头的室外消火栓设计流量不应小于表3.4.9-3的规定。

解读：此条为油品装卸码头的室外消防设计流量 q_1 的确定方法和计算规定，含5款2表格，此条表明油品装卸码头室外水消防系统应综合采用：泡沫灭火系统、冷却水系统、隔离水幕系统、室外消火栓系统，因此其室外消防设计流量可按下式进行计算：

q_1（室外消防设计流量）＝ q_p（泡沫设计流量）＋ q_L（冷却水设计流量）＋ q_m（隔离水幕设计流量）＋ q_{sh}（室外消火栓设计流量）　(3.2-3.4.9-1)

q_p ＝ 设计船型最大油舱面积 A × 泡沫液供给强度$[L/(min \cdot m^2)] \times (1-K)$　(3.2-3.4.9-2)

其中：K 为泡沫混合比（%），K 值按照《泡沫灭火系统设计规范》GB 50151 的有关规定确定。连续供给时间可按照本规范表格确定，连续供给时间用于确定消防用水量和泡沫液用量。

$q_L = F$ × 冷却水喷水强度$[L/(min \cdot m^2)]$　(3.2-3.4.9-3)

其中：F 为着火油船油舱冷却范围内的油舱甲板面，保护面积计算所以采用 $3L \times B - f$ 是考虑着火舱相邻的油舱需要保护，所以计算公式中取船宽，而非最大舱宽；冷却水的喷水强度按照规范表格选取即可。

q_m ＝ 保护长度 $L(m)$ × 喷水强度$[1.0 \sim 2.0L/(s \cdot m)]$　(3.2-3.4.9-4)

保护长度计算为被保护对象两侧各加 5m，如保护对象的长与宽分别为 a 和 b，则 $L=2(a+10)+2(b+10)$，规范规定的火灾延续时间，即为水幕系统连续供水时间。水幕喷射高度 1.5m 的规定，可根据系统选择情况用来计算供水系统扬程或布置系统喷头。

q_{sh}不用计算，根据设计条件直接查表选取即可。

【3.4.12】 易燃、可燃材料露天、半露天堆场，可燃气体罐区的室外消火栓设计流量，不应小于表 3.4.12 的规定。

解读：本条为易燃、可燃材料堆垛，可燃气体罐区的室外水消防设计流量的确定原则和方法。

本条提供了下列信息：

（1）易燃、可燃材料堆垛、可燃气体储罐区的水灭火方式仅为室外消火栓；

（2）室外消火栓的设计流量不用计算，可直接查表获得；

（3）查表的判断标准为堆垛体积或重量：木材按照体积（V），其余均按照重量（W）；

（4）总储量大于50000t或单垛储量大于5000t，室外消防设计流量按表格最大流量×2确定。

（5）气体容积与储存压力有关，储存压力大，容积变小，因此计算气体容积时，应考虑储存压力。固定容积的可燃气体储罐的总容积（V）＝储罐几何容积（V_1）×［设计工作压力（绝对压力Pa^5）/标准大气压力（绝对压力Pa^5）］

【3.5.1】 建筑物室内消火栓设计流量，应根据建筑物的用途功能、体积、高度、耐火等级、火灾危险性等因素综合确定。

【3.5.2】 建筑物室内消火栓设计流量不应小于表3.5.2的规定。

建筑物室内消火栓设计流量　　表3.5.2

建筑物名称		高度 h（m）、层数、体积 V（m^3）、座位数 n（个）、火灾危险性			消火栓设计流量（L/s）	同时使用消防水枪数（支）	每根竖管最小流量（L/s）
工业建筑	厂房	$h\leq24$	甲、乙、丁、戊		10	2	10
			丙	$V\leq5000$	10	2	10
				$V>5000$	20	4	15
		$24<h\leq50$	乙、丁、戊		25	5	15
			丙		30	6	15
		$h>50$	乙、丁、戊		30	6	15
			丙		40	8	15

续表

建筑物名称			高度 h（m）、层数、体积 V（m^3）、座位数 n（个）、火灾危险性			消火栓设计流量（L/s）	同时使用消防水枪数（支）	每根竖管最小流量（L/s）
工业建筑	仓库		$h\leqslant 24$	甲、乙、丁、戊		10	2	10
				丙	$V\leqslant 5000$	10	2	10
					$V>5000$	20	4	15
			$h>24$	丁、戊		30	6	15
				丙		40	8	15
民用建筑	单层及多层	科研楼、试验楼	$V\leqslant 10000$			10	2	10
			$V>10000$			15	3	10
		车站、码头、机场的候车（船、机）楼和展览建筑（包括博物馆）等	$5000<V\leqslant 25000$			10	2	10
			$25000<V\leqslant 50000$			15	3	10
			$V>50000$			20	4	15
		剧院、电影院、会堂、礼堂、体育馆等	$800<n\leqslant 1200$			10	2	10
			$1200<n\leqslant 5000$			15	3	10
			$5000<n\leqslant 10000$			20	4	15
			$n>10000$			30	6	15
		旅馆	$5000<V\leqslant 10000$			10	2	10
			$10000<V\leqslant 25000$			15	3	10
			$V>25000$			20	4	15
		商店、图书馆、档案馆等	$5000<V\leqslant 10000$			15	3	10
			$10000<V\leqslant 25000$			25	5	15
			$V>25000$			40	8	15
		病房楼、门诊楼等	$5000<V\leqslant 25000$			10	2	10
			$V>25000$			15	3	10
		办公楼、教学楼、公寓、宿舍等其他建筑	高度超过15m或 $V>10000$			15	3	10
		住宅	$21<h\leqslant 27$			5	2	5

续表

建筑物名称			高度 h（m）、层数、体积 V（m^3）、座位数 n（个）、火灾危险性	消火栓设计流量（L/s）	同时使用消防水枪数（支）	每根竖管最小流量（L/s）
民用建筑	高层	住宅	$27<h\leqslant54$	10	2	10
			$h>54$	20	4	10
		二类公共建筑	$h\leqslant50$	20	4	10
		一类公共建筑	$h\leqslant50$	30	6	15
			$h>50$	40	8	15
国家级文物保护单位的重点砖木或木结构的古建筑			$V\leqslant10000$	20	4	10
			$V>10000$	25	5	15
地下建筑			$V\leqslant5000$	10	2	10
			$5000<V\leqslant10000$	20	4	15
			$10000<V\leqslant25000$	30	6	15
			$V>25000$	40	8	20
人防工程	展览厅、影院、剧院、礼堂、健身体育场所等		$V\leqslant1000$	5	1	5
			$1000<V\leqslant2500$	10	2	10
			$V>2500$	15	3	10
	商场、餐厅、旅馆、医院等		$V\leqslant5000$	5	1	5
			$5000<V\leqslant10000$	10	2	10
			$10000<V\leqslant25000$	15	3	10
			$V>25000$	20	4	10
	丙、丁、戊类生产车间、自行车库		$V\leqslant2500$	5	1	5
			$V>2500$	10	2	10
	丙、丁、戊类物品库房、图书资料档案库		$V\leqslant3000$	5	1	5
			$V>3000$	10	2	10

注：1. 丁、戊类高层厂房（仓库）室内消火栓的设计流量可按本表减少 10L/s，同时使用消防水枪数量可按本表减少 2 支；
2. 消防软管卷盘、轻便消防水龙及多层住宅楼梯间中的干式消防竖管，其消防设计流量可不计入室内消防给水设计流量；
3. 当一座多层建筑有多种使用功能时，室内消火栓设计流量应分别按本表中不同使用功能计算，且应取最大值。

解读：本条对各种建筑物的最小室内消火栓设计流量作出规定，“不小于”说明表格流量为最小流量，大于或等于表格流量均符合要求，表格使用方法按3.5.1条规定执行。

查表和阅读此表一般注意以下几点：

（1）厂房、仓库类单独把丙类划出来，而且设计流量是最高的，丙类设计流量增大的原因在于：虽然甲乙类和丁戊类火灾危险性不同，但甲乙类要设计其他灭火设施、建筑防火分区较小，故室内消火栓设计流量可减小；丙类厂房（尤其丙二类）一般采用室内消火栓作为主要灭火方式，流量要求大也属正常；

（2）住宅以建筑高度（室外设计地面到其屋面面层的高度）来划分等级；

（3）同时使用2支及以上消防水枪数并不代表需要两股水柱同时到达，如按《栓规》条文7.4.6“……但建筑高度小于或等于24.0m且体积小于或等于5000m^3的多层仓库……，可采用1支消防水枪的1股充实水柱到达室内任何部位。”与表3.5.2中高度小于等于24.0m的仓库并未对应（此处误区主要是很多设计人员认为室内消火栓的设计流量均用于着火防火分区内灭火，而实际上真正用于着火区域的用水量仅仅是总用水量的1/3～1/2，其他水量是用于相邻区域的控火和降温，详见本书表9.3.2-1消火栓竖管流量分配）；

（4）根据“预防为主、防消结合”的消防设计理念，人防工程由于其防护等级增加，消火栓系统可适当弱化。人防工程与地下建筑两档消火栓设计流量、同时使用水枪数不一致，统一按人防工程这档选取相应参数；

（5）单根竖管的最大流量由原规范的15L/s增加到20L/s，在计算时，流速会超过2.5m/s（虽然规范是宜），同时水头损失也会增大，有条件下可将竖管管径增大至*DN*125；

（6）多层公寓、宿舍等非住宅类居住建筑的消火栓设计流量按单层及多层类的办公楼、教学楼、公寓、宿舍等其他建筑这档选取，高层公寓、宿舍等非住宅类居住建筑的消火栓设计流量按高层公共建筑这档选取；

(7) 地下汽车库室内消火栓设计流量按现执行的《汽车库、修车库、停车场设计防火规范》GB 50067 相关要求执行。

(8) 当多层建筑内含有多种业态，且各自独立成防火分区、独立疏散，则室内消火栓设计可按各自业态所占的体积（或座位数）查表后取大值；当和办公等其他建筑或住宅组合时，办公等其他建筑和住宅的建筑高度应累加其他业态的高度后查表。

(9) 当民用建筑中附属设有仓储类功能时，仓储功能区的室内消火栓设计流量可按仓储区域体积独立计算后查表。

【3.5.3】当建筑物室内设有自动喷水灭火系统、水喷雾灭火系统、泡沫灭火系统或固定消防炮灭火系统等一种或两种以上自动水灭火系统全保护时，高层建筑当高度不超过 50m 且室内消火栓设计流量超过 20L/s 时，其室内消火栓设计流量可按本规范表 3.5.2 减少 5L/s；多层建筑室内消火栓设计流量可减少 50%，但不应小于 10L/s。

解读：本条文从《高层民用建筑设计防火规范》GB 50045 表 7.2.2“注：建筑高度不超过 50m，室内消火栓用水量超过 20L/s，且设有自动喷水灭火系统的建筑物，其室内外消防用水量可按本表减少 5L/s。”完善演变而来，由注解变为正式条文。根据“预防为主、防消结合”的消防设计理念，在有自动水灭火系统全保护时，消火栓系统可适当弱化。

全保护是指消火栓以外的其他水灭火系统对本建筑进行全部保护，局部应用系统不算。如水喷雾系统仅保护建筑中柴油发电机房时，消火栓设计流量不能减少。

局部全保护时，其局部消火栓设计流量也可以减少。如上部是住宅、下部是商场的商住楼，当商场部位有喷淋系统全保护时，其室内消火栓设计流量可按照此规定相应减少。

建筑高度≤50m 的一类公建在全保护时，室内消火栓设计流量可取 30－5＝25L/s；多层建筑室内消火栓设计流量可按照

表 3.5.2 减少 50%，但不应小于 10L/s，10L/s 是两只水枪同时保护的最低水量要求。

【3.6.2】不同场所消火栓系统和固定冷却水系统的火灾延续时间不应小于表 3.6.2 的规定。

解读：表格中对火灾延续时间 3h 的公共建筑范围缩小，由《高层民用建筑设计防火规范》GB 50045 条文 7.3.3“商业楼、展览楼、综合楼、一类建筑的财贸金融楼、图书馆、书库，重要的档案楼、科研楼和高级旅馆的火灾延续时间应按 3h 计算，其他高层建筑可按 2h 计算。”改为“高层建筑中的商业楼、展览楼、综合楼，建筑高度大于 50m 的财贸金融楼、图书馆、书库、重要的档案楼、科研楼和高级宾馆等”。《高层民用建筑设计防火规范》GB 50045 把每层建筑面积超过 $1000m^2$ 的财贸金融楼、电信楼划到一类建筑。

3.6.2 条文说明对火灾延续时间重新定义：“火灾延续时间是水灭火设施达到设计流量的供水时间。以前认为火灾延续时间是自消防车到达火场开始出水时起，至火灾被基本扑灭止的这段时间，这一般是指室外消火栓的火灾延续时间，随着各种水灭火设施的普及，其概念也在发展，主要为设计流量的供水时间。”按条文说明消防水池有效容积需要累加从开始出水到达到设计流量这部分非延续时间内的用水量，此部分用水量如何计算目前不得而知。

3.3 条文应用

3.3.1 问题解答

问 1：当工厂、堆场和储罐区等占地面积大于 $100hm^2$，且居住区人数大于 1.5 万人时，同一时间内的火灾起数按 2 起还是 3 起。

答：按《栓规》3.1.1条文说明，条文的第1款和第2款是《建筑设计防火规范》GB 50016第8.2.2条的有关内容，《建筑设计防火规范》GB 50016中未对居住区的人数作出要求，一律按同一时间内的火灾起数2次计，即按需水量最大的两座建筑物（或堆场、储罐）之和计算。

问2：某丙类一层厂房建筑，占地面积大于800m²（需设室内消火栓），建筑体积大于5000m³，单体内仅设3个室内消火栓，如按《栓规》表3.5.2选择$h \leqslant 24$且$V > 5000m^3$室内消火栓流量为20L/s，同时使用消防水枪数为4支，该建筑如何考虑室内消火栓流量。

答：可按实际水枪数量取值，即15L/s，此种情况为特例，建议《栓规》修订时作补充说明。同样喷淋设计中也有类似现象，如《自动喷水灭火系统设计规范》（以下简称《喷规》）5.0.2对仅在走道设置单排喷头的闭式系统，其作用面积按最大疏散距离所对应的走道面积确定，并不是按整个走道的面积和160m²比较取小值。

问3：某地下室有汽车库、库房和设备用房等业态功能，其室内消火栓设计流量按何种方式考虑。

答：如汽车库、库房和设备用房设置独立的防火分区，可分别按不同业态独立计算，即汽车库按《汽车库、修车库、停车场设计防火规范》GB 50067执行，库房和设备用房按其体积计算的结果查《栓规》表3.5.2"地下建筑"这档。

问4：某人防地下室，平时用于商业经营，室内消火栓设计流量选取标准是按《栓规》表3.5.2的"单层及多层的商店"还是"人防工程的商场"。

答：按照"人防工程的商场"档选用。理由为：①本规范消防用水量地上、地下分开计算；②"人防工程"所列建筑物均为平时用途；③地下火灾和地上火灾比较有其特点，蔓延、燃烧强度均不如地上；④表3.5.2注3明确一座建筑物有多重用途，可分别计算，取最大值，其理念在于"分别计算"。

3.3.2 拓展思考

拓展思考部分重在交流、探讨，笔者结论仅供参考。

思考1：《栓规》规定了同一时间内的室外消防用水量和火灾起数的关系，而并不明确室内消防用水量和火灾起数的关系。

分析：对于单体建筑（无论规模多大）的室内消火栓系统，在目前设计无合适的解决方式下强制要求按两起火灾设计，会引起一系列的麻烦，设计、图审、消防将会各执一词。对于建筑群（或含有多幢塔楼的单体建筑）的室内消火栓系统（正因为室外消防有此条件，故可考虑多起火灾）可通过外部管网的优化来解决，因为此种情况往往外部管网设计呈网状，即使网状内某段管网关闭，还是会形成环网，故可解决管径不够问题；室内消火栓的消防水泵房可设置一处也可设置两处（两泵组系统串起来，形成类似两个水厂的情况），1起火灾时，启动1台泵，2起火灾时，启动2台泵。笔者认为单体建筑的室内消防不宜按2起火灾设计，一定规模建筑群的室内消防可尝试考虑两起火灾设计。

思考2：综合类（如含有商业、客房、办公等功能）民用建筑室内消火栓设计流量的选取方式。

分析：一般建筑专业按业态的不同，分别考虑疏散、防火分区，不同业态原则上不宜借用疏散口。当该建筑为多层时，可按《栓规》条文3.5.2注3（当一座多层建筑有多种使用功能时，室内消火栓设计流量应分别按本表中不同使用功能计算，且应取最大值），不同业态分别计算各自范围内的体积后查表比较后取最大的室内消火栓设计流量；当该建筑为高层时，按建筑总高度（不再区分业态）查《栓规》条文3.5.2表格中的一类或二类高层公共建筑的室内消火栓设计流量。

思考3：《栓规》表3.5.2中明确消火栓设计流量、同时使用消防水枪数、每根竖管最小流量，结合《栓规》条文7.4.12第2款（要求栓口动压不小于0.35MPa或0.25MPa），消防水枪数×每支水枪喷水量>消火栓设计流量，设计时如何选取。

分析：按《栓规》表3.5.2消火栓设计流量选取即可，理由如下：①表格中“室内消火栓设计流量”是根据不同建筑的危险程度、根据已往扑灭该类建筑火灾所需用水量的经验统计所得，该数据相对是比较可靠的；②扑灭某类建筑火灾的用水量与消防水枪数无直接的关系，而与消火栓设计流量有直接的关系；③表格中“同时使用消防水枪数”是为方便消防管网水头计算而人为取值（以每支水枪出水5L/s计），实际灭火时，只要消火栓设计流量达到设计值，不在乎水枪数到底有多少；④表格中“每根竖管最小流量”是结合《栓规》条文10.1.9第2款而提出的；⑤“消火栓设计流量”与“每支水枪出水量”是整体与局部的关系；⑥《栓规》条文7.4.12第2款是考虑实际灭火时，消防队员有可能串接多根水带而提出增加栓口动压，现场每支水枪的实际出水量是不可预知的。

第4章　消防水源

4.1　条文综述

本章条文共计26条，强条9条。对市政给水、消防水池、天然水源等消防用水源头的基本参数作出规定。

4.2　条文解读

【4.1.1】在城乡规划区域范围内，市政消防给水应与市政给水管网同步规划、设计与实施。

解读："三同时"原则：同步规划、同步设计、同步实施，是针对市政给水设计而言，在设计市政生活给水系统时，必须考虑消防用水量。众所周知，市政设计部门在设计清水池时，应考虑储存消防用水量；二次泵站设计时，应考虑加压设备选型、管网设计等；最后必须按消防设计流量＋生活给水流量进行管网复核计算，调整部分管径。至于同时设计完成，按图施工，理所当然会同时实施，实施过程中唯一需要注意的就是市政消火栓的实施。

【4.1.2】消防水源水质应满足水灭火设施的功能要求。

【4.1.4】消防给水管道内平时所充水的pH应为6.0～9.0。

解读：消防水源水质一直是困扰设计人员的问题，因为没有任何规范给出消防水源水质的具体指标，本规定中也只是提到满足消防设施功能要求和pH指标。作为消防水源的指标，不同系统要求不同，很难统一规定，如消火栓系统、泡沫灭火系统、水喷雾灭火系统、细水雾灭火系统等，对水质的要求就各不相同；消火栓系统使用水枪灭火，除对悬浮物和pH值有所要求外，其他基本没有要求；细水雾则对颗粒要求比较严格，这也是其主要灭火设备（喷头）决定的，设计时应根据具体情况判断水质是否符合要求。

【4.1.3】消防水源应符合下列规定：

1 市政给水、消防水池、天然水源等可作为消防水源，并宜采用市政给水；

2 雨水清水池、中水清水池、水景和游泳池可作为备用消防水源。

解读：本条的难点在如何理解备用水源。备用消防水源是指在灭火时超出设计标准的贮水水源（作为火灾用水量超过设计标准用水量时的补充水源），在计算消防水池有效容积时，不宜计入在内。由于雨水清水池、中水清水池、水景和游泳池存在周期性的缺水现象、消毒剂的投加（对消防管网系统形成腐蚀）、游泳池在发生传染事故需紧急排空等类似不利情况发生，故不宜作为消防水源，但作为紧急情况下的备用水源还是可以的。规范未作强制要求，设计也一般置之不理，在条件许可时，可作为说明备注，至于消防队员如何取水，可不用考虑。

【4.1.5】严寒、寒冷等冬季结冰地区的消防水池、水塔和高位消防水池等应采取防冻措施。

解读：本条为强制性条文，必须严格执行，本条文执行难点为：

（1）如何确定冬季结冰地区：确定冬季结冰地区的判断标准，规范未提供，可参照中国建筑气候区划图和主要城市所处气候分区表4.2-4.1.5-1，使用图和表格可以方便地确定严寒、寒冷地区，该区域肯定为冬季结冰区域，但以上方法无法囊括所有的冬季结冰地区；冬季结冰地区还可根据非冰冻日的保证率不低于97%的要求来确定。

（2）防冻措施：消防水池、水塔和高位消防水池防冻措施见《栓规》4.1.5条文说明。

主要城市所处气候分区　　表4.2-4.1.5-1

气候分区	代表性城市
严寒地区A区	海伦、博克图、伊春、呼玛、海拉尔、满洲里、齐齐哈尔、富锦、哈尔滨、牡丹江、克拉玛依、佳木斯、安达
严寒地区B区	长春、乌鲁木齐、延吉、通辽、通化、四平、呼和浩特、抚顺、大柴旦、沈阳、大同、本溪、阜新、哈密、鞍山、张家口、酒泉、伊宁、吐鲁番、西宁、银川、丹东
寒冷地区	兰州、太原、唐山、阿坝、喀什、北京、天津、大连、阳泉、平凉、石家庄、德州、晋城、天水、西安、拉萨、康定、济南、青岛、安阳、郑州、洛阳、宝鸡、徐州
夏热冬冷地区	南京、蚌埠、盐城、南通、合肥、安庆、九江、武汉、黄石、岳阳、汉中、安康、上海、杭州、宁波、宜昌、长沙、南昌、株洲、永州、赣州、韶关、桂林、重庆、达县、万州、涪陵、南充、宜宾、成都、贵阳、遵义、凯里、绵阳
夏热冬暖地区	福州、莆田、龙岩、梅州、兴宁、英德、河池、柳州、贺州、泉州、厦门、广州、深圳、湛江、汕头、海口、南宁、北海、梧州

【4.1.6】雨水清水池、中水清水池、水景和游泳池必须作为消防水源时，应有保证在任何情况下均能满足消防给水系统所需的水量和水质的技术措施。

解读：本条为强制性条文，必须严格执行。本条是针对该池体必须作为消防水源的情况，除满足水量和水质的要求外，其他要求同消防水池，不能放宽。

【4.2.1】当市政给水管网连续供水时，消防给水系统可采用市政给水管网直接供水。

解读：此条判断的难点在于如何理解“连续供水”，连续供水的前提条件是任何时刻均能保证消防给水系统所需的压力和流量（详见《栓规》条文2.1.2、条文2.1.3、条文2.1.4解读、6.3.1问1）。

市政管网压力能否满足要求可参照下列方法进行：建议按当地压力的0.6～0.9系数折算作为消防给水系统的引入压力；在老城区且管网管径偏小，宜取0.6；在新区且管网管径大（给水干管大于*DN*400），取0.9。影响城市供水压力设计取值的因素：管道老化结垢使管径缩小导致水头损失大于原规划设计值；超出规划的新用户增加使管网用水负荷增大而导致水头损失大于原规划设计值；城市两次火灾状况下对自来水供水压力的影响。

【4.2.2】 用作两路消防供水的市政给水管网应符合下列要求：

1 市政给水厂应至少有两条输水干管向市政给水管网输水；

2 市政给水管网应为环状管网；

3 应至少有两条不同的市政给水干管上不少于两条引入管向消防给水系统供水。

解读：本条给出了是否满足两路消防供水的判定标准和原则：三条同时满足为两路供水，否则一律为一路消防供水。应用时注意“至少两条”表示多于两条也可；“不同的市政给水干管”并非“不同市政给水道路上的给水干管”，同一道路上的不同市政给水干管也算。运用难点在于，设计时往往无法得到第一手的资料，实际操作时可向当地自来水公司了解相关情况，如情况不明，则按一路考虑，当然，多水厂供水的环网肯定满足要求。

长期以来，很多设计人员经常冒险“假两路”的标准来设计（假两路极具欺骗性，应特别注意），此条可以作为设计人员自身保护的依据，也是为《栓规》条文4.3.4“当消防水池采用两路消防供水且在火灾情况下连续补水能满足消防要求时，消防水池的有效容积应根据计算确定，但不应小于 $100m^3$，当仅设有消火栓系统时不应小于 $50m^3$”作安全保证。

图 4.2-4.2.2-1“市政引入点 1”、“市政引入点 1′”、“市政引入点 2”、“市政引入点 3”、“市政引入点 4”五个供水点中任何两个引入点均满足两路消防供水要求。

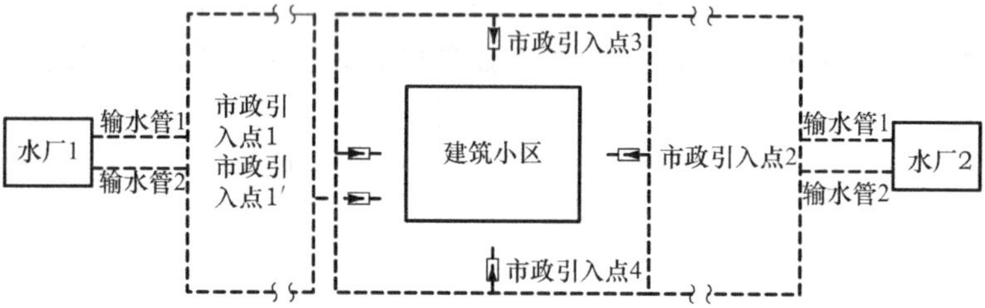

图 4.2-4.2.2-1 两路供水引入点示意图

【4.3.1】 符合下列规定之一时，应设置消防水池：

1 当生产、生活用水量达到最大时，市政给水管网或入户引入管不能满足室内、室外消防给水设计流量；

2 当采用一路消防供水或只有一条入户引入管，且室外消火栓设计流量大于 20L/s 或建筑高度大于 50m；

3 市政消防给水设计流量小于建筑室内外消防给水设计流量。

解读：设计工程是否需要设置消防水池，使用此条判断，任何一条不满足，就需要设置消防水池；当然，此条是在无天然水源利用情况下的判定条件；此条的应用条件有两种：市政常高压供水和消防水泵直接抽水供水。

（1）应用难点：

① 生活、生产用水量达到最大时是指工程最大时设计流量 Q_h（淋浴按其最大用水量的 15%计，道路、浇洒水景补水量可不计算，有别于给水工程计算的最大时设计流量）；

② 确定工程消防设计流量：Q_f = 室内消火栓设计流量 Q_{ns} + 室外消火栓设计流量 Q_{ws} + 喷淋系统设计流量 Q_p + 水幕设计流

量 Q_m +同时使用的其他消防设施的设计流量；

③ 引入管设计流量 $Q_{yr}=Q_h+Q_f$；

④ 自来水公司提供流量：市政管网流量一般由当地自来水公司提供，或进行实地调查，作为设计依据的资料必须是当地自来水公司出具的有效书面材料；

⑤ 结合《栓规》条文 8.1.2，当设有高位消防水箱时，条文第 1 款的应用前提必须满足市政两路供水；

⑥ 结合《栓规》条文 8.1.2，当市政常高压供水时，条文第 2 款的应用前提必须满足该建筑无室内消防系统；

（2）质疑问题：结合《栓规》条文 6.1.3“建筑高度不超过 54m 的住宅或室外消火栓设计流量小于等于 20L/s 的建筑室外消火栓可采用一路供水”，条文 4.3.1 第 2 款应将“建筑高度大于 50m”改为“建筑高度大于 54m 的住宅”更合理，查《栓规》3.3.2 室外消火栓设计流量表，民用建筑和工业建筑高度大于 50m 的室外消火栓设计流量均大于 20L/s（除住宅建筑外），此处定性为 50m 会将建筑高度介于 50～54m 之间的住宅建筑排除在外，而 54m 恰好是住宅建筑 18 层与 19 层的分界线，以分界线来作为区分临界点比较合适。

【4.3.2】 消防水池有效容积的计算应符合下列规定：

1 当市政给水管网能保证室外消防给水设计流量时，消防水池的有效容积应满足在火灾延续时间内室内消防用水量的要求；

2 当市政给水管网不能保证室外消防给水设计流量时，消防水池的有效容积应满足火灾延续时间内室内消防用水量和室外消防用水量不足部分之和的要求。

解读：有效容积应根据计算确定，计算过程和方法如下：

（1）根据条文第 1 款和第 2 款来计算需要总容积；

（2）按照《栓规》条文 4.3.5 计算补水量；

（3）消防水池的有效容积（$V_{有效}$）＝总容积（V_z）－火灾

延续时间内的补水容积（V_b=火灾延续时间内补水时间 t×单位补水量 Q）。

【4.3.3】 消防水池进水管应根据其有效容积和补水时间确定，补水时间不宜大于48h，但当消防水池有效总容积大于2000m^3时，不应大于96h。消防水池进水管管径应经计算确定，且不应小于 DN100。

解读：当从室外不同市政给水干管上分别引入一根消防水池补水管作为火灾情况下的连续补水时，应按其中较小管径的补水管进行计算，宜采用水力浮球阀控制，当采用直接作用式浮球阀时，进水量按其管道截面的40%计。如果市政进水管本身就小于 DN100 时，可通过加大消防水池的储水量（如按150%的标准）来解决此类问题，规范的本意是加大二次补水的速度，以防备消防用水量大于消防设计储水量或二次火灾的发生。

【4.3.4】 当消防水池采用两路消防供水且在火灾情况下连续补水能满足消防要求时，消防水池的有效容积应根据计算确定，但不应小于100m^3，当仅设有消火栓系统时不应小于50m^3。

解读：本条为强制性条文，必须严格执行。本条表明消防水池有效容积可以减少，减少条件为：①两路供水，即满足《栓规》条文4.2.2条规定；②火灾时能连续补水，但是消防水池不能无限制减少，最小为100m^3（消防水池仅供消火栓用水时，最小为50m^3），即 $V_{有效}\geqslant$100m^3（50m^3）时，取 $V_{有效}$ 作为消防水池容积；如小于100m^3（50m^3）时，取100m^3（50m^3）。

两路供水、火灾时连续补水量≥消防设计流量时为极端情况，即 $V_{有效}=0$，相当于从市政管网直接吸水。如当地自来水公司允许，可以不设消防水池，直接从室外管网上吸水，上海部分地区允许。

两路供水、火灾时连续补水量<消防设计流量时，按照本

条确定消防水池有效容积，此时，消防水池作用为转输水箱和部分储存水箱。$100m^3$（$50m^3$）为满足消防泵设计流量约 0.5h 出水要求设定的容积，一般常用系统为消火栓（30L/s）+喷淋（30L/s）系统（$V_{有效}=(30+30)\times3.6\times0.5=108m^3$）或消火栓（30L/s）系统（$V_{有效}=30\times3.6\times0.5=54m^3$）。

工业类建筑，当消火栓和喷淋系统设计流量比较大时，消防水池的有效容积应经计算确定，计算方法按 5～10min 的消防设计流量取值。

【4.3.5】 火灾时消防水池连续补水应符合下列规定：

1 消防水池应采用两路消防给水；

2 火灾延续时间内的连续补水流量应按消防水池最不利进水管供水量计算，并可按下式计算：

$$q_f = 3600Av \tag{4.3.5}$$

式中 q_f——火灾时消防水池的补水流量（m^3/h）；

A——消防水池进水管断面面积（m^2）；

v——管道内水的平均流速（m/s）。

3 消防水池进水管管径和流量应根据市政给水管网或其他给水管网的压力、入户引入管管径、消防水池进水管管径以及火灾时其他用水量等经水力计算确定，当计算条件不具备时，给水管的平均流速不宜大于 1.5m/s。

解读：本条明确如下：①补水量按照最不利进水管计算；②给水管管径和补水量优先按照水力计算确定；③计算条件不具备时，给水管平均流速可按 1.5m/s 考虑。管径计算、补水量水力计算，最终归结为管道流速确定。

水池补水管出流水头按规范规定，可取 0.02MPa，计算公式可按照自由出流公式计算：补水管上一般设有闸阀、水力控制阀或水力遥控阀，沿程和局部损失之和约为 3，则 $\varphi=1/(a+3)^{\frac{1}{2}}=0.50$；$v=\varphi(2gH)^{\frac{1}{2}}=0.50(2\times9.8\times2)^{\frac{1}{2}}=3.12m/s$，得到流速后，计算确定流量。

也可根据《给水排水卫生设备设计》中关于给水管最大出流量的计算公式 $Q=20D^2P^{\frac{1}{2}}$，经单位换算后得 $Q=0.08424D^2P^{\frac{1}{2}}$（其中 Q：给水管最大出流量，m^3/h；D：给水管计算内径，mm；P：给水管动水压力，MPa），直接可求得小时补水量。

从计算结果看，以上两种方法计算得出的小时补水量均比1.5m/s平均流速下的补水量大，故建议消防水池补水量按平均流速不大于1.5m/s计算为宜。

【4.3.6】 消防水池的总蓄水有效容积大于500m^3 时，宜设两格能独立使用的消防水池；当大于1000m^3 时，应设置能独立使用的两座消防水池。每格（或座）消防水池应设置独立的出水管，并应设置满足最低有效水位的连通管，且其管径应能满足消防给水设计流量的要求。

解读：本条的应用难点有以下几条："两格"和"两座"的区别、最低有效水位的确定。

（1）注意"两格"和"两座"的区别，两格是指共用分割墙，两座是指各组独立做分割墙，两墙之间需有间隔缝隙，同时结构底板应脱开。

（2）关于设置满足最低有效水位的连通管。首先要明确最低有效水位，可结合《栓规》条文5.1.9第5款"当消防水池最低水位低于离心水泵出水管中心线或水源水位不能保证离心水泵吸水时，可采用轴流深井泵，并应采用湿式深坑的安装方式安装于消防水池等消防水源上"以及《栓规》5.1.9第5款条文说明"本款规定了采用湿式深坑安装轴流泵的原则性规定，在工程设计当采用离心水泵不能满足自灌式吸水的技术要求，即消防水池最低水位低于离心水泵出水管中心线或水源水位不能被离心水泵吸水时，消防水泵应采用轴流深井泵，湿式深坑安装方式。"只有当采用离心水泵作为消防主泵且消防水池最低水位高于水泵出水管中心线时，消防水池才有可能在最低有效水位处设连通管，这是本条文的适用范围。

(3) 关于分格（座）的消防水池最低水位低于离心泵出水管中心线时，要求设连通管，是否合理，笔者有以下分析。

1) 认为设连通管合理：由于消防泵是一用一备（启动泵吸水管在一格水池，备用泵在另一格水池），泵组运转过程中可能需要切换泵启动，对消防供水量的保证是不利的，从这个意义上来说，设置满足最低有效水位的连通管是有一定道理的。

2) 认为设连通管不合理：①从吸水原理上说，消防泵采用母管吸水方式，那么不存在水泵运转过程中水源的保证问题，此时的母管就相当于连通管，任何一台泵组都可以在任何一格水池内抽水；②从实施角度说，当消防水泵采用轴流深井泵吸水，消防水池的最低水位低于泵房地面时，连通管实际上是无法做出的。

【4.3.7】 储存室外消防用水的消防水池或供消防车取水的消防水池，应符合下列规定：

1　消防水池应设置取水口（井），且吸水高度不应大于6.0m；

2　取水口（井）与建筑物（水泵房除外）的距离不宜小于15m；

3　取水口（井）与甲、乙、丙类液体储罐等构筑物的距离不宜小于40m；

4　取水口（井）与液化石油气储罐的距离不宜小于60m，当采取防止辐射热保护措施时，可为40m。

解读：本条规定了取水口（井）的最大吸水高度，明确了与建筑物或构筑物的最小间距；规定了凡是储存室外消防用水的消防水池，不管是否设有室外消防水泵，均须设置取水口（井）。

难点应用及解决方式：

(1) “不应大于6m”不能简单理解为6m：当地大气压力超

过10m水柱，消防车取水口的最大吸水高度可按6m取；当地大气压力小于10m水柱，消防车取水口的最大吸水高度应经计算确定，也可直接查表4.2-4.3.7-1。

海拔高度与最大吸水高度的关系 表4.2-4.3.7-1

海拔高度（m）	0	200	300	500	700	1000	1500	2000	3000	4000
大气压（m水柱）	10.3	10.1	10.0	9.7	9.5	9.2	8.6	8.4	7.3	6.3
最大吸水高度（m）	6.0	6.0	6.0	5.7	5.5	5.2	4.6	4.4	3.3	2.3

（2）取水口（井）高度确定：供消防车取水的消防水池应保证其最低水位低于消防车内消防水泵吸水管中心线的高度不大于消防水泵所在地的最大吸水高度。

（3）当消防水池设在地下二层及以下时（最大吸水高度大于6m），可按下列方式处理：①在室外消防水泵出水管处另设一个小环路（此环路和室外消火栓环网通过阀门分割开），引至消防车行道边接室外消火栓（作为消防取水口）；②设专用消防提升泵，提升至小于吸水高度6m；③消防车进入地下室，就近从消防水池取水口取水。

（4）当室外消防用水储存在消防水池内时，即使设有室外消防水泵，消防水池也须设置取水口（井），该取水口（井）的保护距离是否超过150m在此种情况下已无须再考虑。

（5）当消防水泵房为单建式时，消防水池取水口（井）与泵房距离不限。

【4.3.10】 消防水池的通气管和呼吸管等应符合下列规定：

1 消防水池应设置通气管；

2 消防水池通气管、呼吸管和溢流水管等应采取防止虫鼠等进入消防水池的技术措施。

解读：消防水池通气管一般有弯管型和罩型两种，其制作材料又分钢制和复合材料两种，通气管的选用型号应根据消防水池最大进水量确定（当两路补水时，按两路补水管补水量之和计算最大进水量），即进水容量等于排出气体的体积空间，具体型号详见表4.2-4.3.10-1。

不同材料与管径通气管的通气量　　表4.2-4.3.10-1

材料	弯管型			罩型		
	管径（mm）	通气量		管径（mm）	通气量	
		m^3/s	m^3/h		m^3/s	m^3/h
钢制	D108×4	0.006	22	D219×5	0.172	619
复合	DN100	0.006	22	DN200	0.175	630
钢制	D159×5	0.013	47	D325×6	0.385	1386
复合	DN150	0.013	47	DN300	0.346	1246
钢制	D219×5	0.026	94	D426×6	0.673	2423
复合	DN200	0.026	94	DN400	0.555	1998

建议每个消防水池设通气管和呼吸管至少各一个，一般通气管管口标高要高于呼吸管300～500mm，采用两个标高是为了保证水池内有一定的气压差，以利于池内空气的流通组织，防止消防水池水质不至于快速腐坏。当消防水池补水管进水时，可利用通气管和呼吸管同时排气。通气管和呼吸管设置位置应能防止气流短流现象，通气管宜设在排气井一侧，呼吸管远离排气井。

4.3 条文应用

4.3.1 问题解答

问1：备用消防水源，对水池有何特别的要求，需要配备何种基础设施，如取水口、回车场地等。

答：备用水源无水质和水量要求，仅作为超过设计流量和容量的补充，至于取水口和回车场，无特殊要求，只要消防车能进能出，有取水条件即可。

问 2：如室外生活、消防管网分开设置，消防水池的补水管是接在消防环网上，还是接在生活管网上，消防水池补水如何计量。

答：接在消防环网上，①水费不一样；②接在消防环网上可减小消防水池容量（生活一般只有一路，消防水池容积不能减少），且消防水池补水单独设计量装置（水表或流量计）。

问 3：市政引入管分别来自两个水厂，但均为支状管网，见图 4.3.1-1，能否作为两路进水。

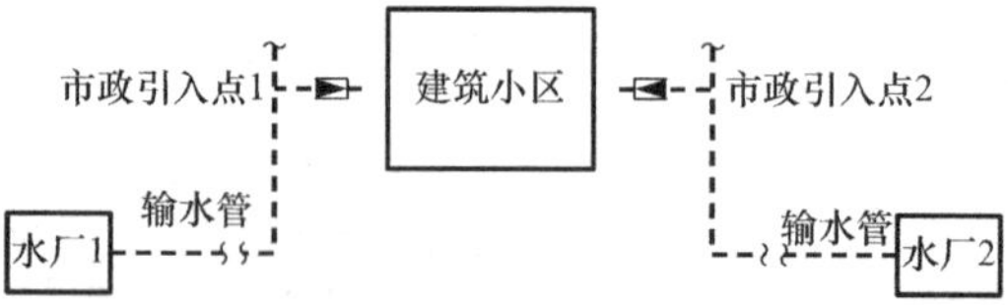

图 4.3.1-1 两水厂支状供水示意图

答：不能作为两路进水，因为两个引入点虽属于不同的市政管网及水厂，但满足两路供水要求的市政供水管网应为环状供水管网，而图中管网为支状。一般此种情况不会出现，当城市设有两个水厂时，往往会相互贯通连接，不大会出现支状管网的情况。

4.3.2 拓展思考

拓展思考部分重在交流、探讨，笔者结论仅供参考。

思考 1：如何定义不同的市政管道。

分析：有如下定义可供参考：

（1）“不同的市政给水干管”并非仅指“不同市政给水道路上的给水干管”，同一道路上的不同市政给水干管也算。

（2）上海《民用建筑水灭火系统设计规程》DGJ 08—94—2007 认为：同一条道路的同一根市政环网上接出的两根引入管，在两根引出管之间加设阀门，也算两路供水。

（3）笔者观点：如阀门1为市政规划时已有设计，则进水管1和进水管2可认为是每路消防给水管接自不同的市政给水管道；如阀门2为市政规划时无，单体设计时，要求市政增加阀门的，则进水管3和进水管4不能认为是每路消防给水管接自不同的市政给水管道，见图4.3.2-1。

思考2：《栓规》中没有提及储存室外消防用水的消防水池或供消防车取水的消防水池的保护半径，条文6.1.5提到室外消防水池取水井的保护半径，那么，取水井距消防水池的最远距离是多少，取水井与消防水池的连通管道的管径为多少，有没有具体的依据或计算方法用以确定最远距离。

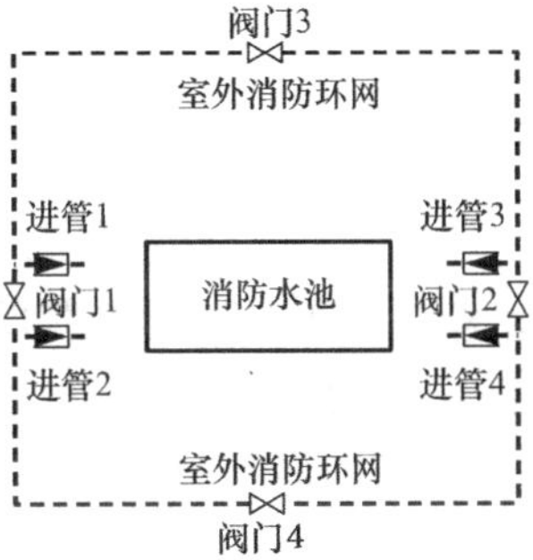

图4.3.2-1　两路供水阀门位置示意图

分析：取水井一般通过连通管与消防水池相连，其计算方式按重力流计算（因消防水池水深逐步变低，也可按渐变压力流出水计算），重力流管道流量的计算和其坡度有关，通过满管水力计算即可得出结论；因消防车的吸水高度6m是限定死的，故连通管长度不可能太长；消防吸水井就是消防水池的延伸，其吸水高度和消防水池是一样的要求。

思考3：符合《栓规》条文4.2.2第1、2、3款、条文7.2.8，是否就可认为满足建筑的室外消火栓两路供水要求。

分析：条文4.2.2第1、2、3款、条文7.2.8，仅仅是针对市政给水是否满足两路消防供水；判断室外消火栓是否符合两路供水条件，还须以《栓规》条文7.3.10作为判断依据，详见《栓规》条文7.3.10解读。

第5章 供水设施

5.1 条文综述

本章条文共计54条，强条14条。对消防水泵、高位消防水箱、稳压泵、消防水泵接合器、消防水泵房的设计作出基本要求及规定。

5.2 条文解读

【5.1.6】 消防水泵的选择和应用应符合下列规定：

1 消防水泵的性能应满足消防给水系统所需流量和压力的要求；

2 消防水泵所配驱动器的功率应满足所选水泵流量扬程性能曲线上任何一点运行所需功率的要求；

3 当采用电动机驱动的消防水泵时，应选择电动机干式安装的消防水泵；

4 流量扬程性能曲线应无驼峰、无拐点的光滑曲线，零流量时的压力不应大于设计工作压力的140%，且宜大于设计工作压力的120%；

5 当出流量为设计流量的150%时，其出口压力不应低于设计工作压力的65%；

……

解读：本条第1、2、3款为强制性条文，必须严格执行。条文第1、2款中的流量、压力、功率并不单单指额定工况下的数值，而是指在零流量～150%额定流量区间内的任何工况值均符合选泵要求；条文第4款中的驼峰是指曲线上一个压力点，对应两个流量点，导致水泵运行中出现喘振的情况；条文第4款中的拐点是指当超过某个流量点，水泵压力急剧下降，甚至出现停泵的情况。

本条第4、5款由《消防泵》GB 6245 6.4.2条："在吸深1.0m时，应满足额定流量和额定压力的要求，同时工作压力不应超过额定压力的1.05倍。在吸深1.0m时，流量达到150%额定流量时，工作压力不应小于额定压力的0.65倍。最大工作压力（零流量）不得超过额定压力的1.4倍。"演变完善而来。

本条第4、5款对消防恒压切线泵的选用产生以下影响：①消防恒压切线泵当流量超过额定设计流量时，轴功率会急剧增大（额定流量点可视为曲线拐点），达到120%额定流量前就会因电机过载而烧坏或出现保护性停车，导致水泵流量和扬程都跌至零，即出现停泵现象，不满足不低于设计工作压力65%的要求；②消防恒压切线泵在零流量时其压力基本等于额定设计压力，不满足大于额定工作压力120%的要求。

上文①中所提问题可按如下方式解决：在选择消防恒压切线泵作为消防泵时，其额定流量应按设计流量的150%来选择，即水泵额定流量需打1/3的折减系数，以满足出流量为设计流量的150%时，其出口压力不应低于设计工作压力的65%；上文②中所提问题，由于规范其用词为"宜"，设计人员可根据工程实际情况酌情考虑是否选用消防恒压切线泵。

【5.1.9】轴流深井泵宜安装于水井、消防水池和其他消防水源上，并应符合下列规定：

1 轴流深井泵安装于水井时，其淹没深度应满足其可靠运行的要求，在水泵出流量为150%设计流量时，其最低淹没深度应是第一个水泵叶轮底部水位线以上不少于3.20m，且海拔高度每增加300m，深井泵的最低淹没深度应至少增加0.30m；

2 轴流深井泵安装在消防水池等消防水源上时，其第一个水泵叶轮底部应低于消防水池的最低有效水位线，且淹没深度应根据水力条件经计算确定，并应满足消防水池等消防水源有效储水量或有效水位能全部被利用的要求；当水泵设计流量大于125L/s时，应根据水泵性能确定淹没深度，并应满足水泵气蚀余量的要求；

3 轴流深井泵的出水管与消防给水管网连接应符合本规范第5.1.13条第3款的有关规定；

……

5 当消防水池最低水位低于离心水泵出水管中心线或水源水位不能保证离心水泵吸水时，可采用轴流深井泵，并应采用湿式深坑的安装方式安装于消防水池等消防水源上；

……

解读：本条第1、2、3款为强制性条文，必须严格执行；本条第5款应用难点在于对消防水池最低水位的判断，按条文字面理解应是当采用离心泵时，消防水池最低水位等同于离心泵自灌吸水的最低水位。

“自灌式吸水”有以下几种争议：

观点一认为：消防水泵有自动启动和备用泵自动互投的情况，水泵有可能在任何时刻启动，必须保证任何时刻的自灌要求。如浙公通字［2014］30号《浙江省消防技术规范难点问题操作技术指南》要求“消防水池池底标高不应低于消防水泵房的地坪标高”，见图5.2-5.1.9-1，持有此观点的往往是审查人员以及消防审查单位为主。

观点二认为：消防水泵定期自检或巡检（7日），出现火灾和故障同时发生的概率相当低，且在灭火的同时，消防水池又在不断的补水中，在准工作状态下，水池最高水位高于离心泵出水管中心线一定高度要求，保证从准工作转换到消防状态的自灌吸水要求就可，如“南京市审图中心给水排水专业技术委员会2013年度研讨会：消防水池水面应高于消防水泵吸水管管顶不小于1m”，见图5.2-5.1.9-2，持有此观点的往往以设计一线人员为主。

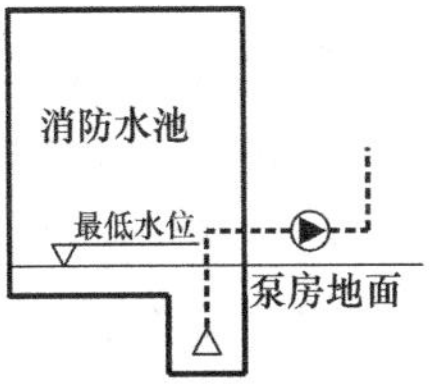

图5.2-5.1.9-1 消防水池最低水位观点一

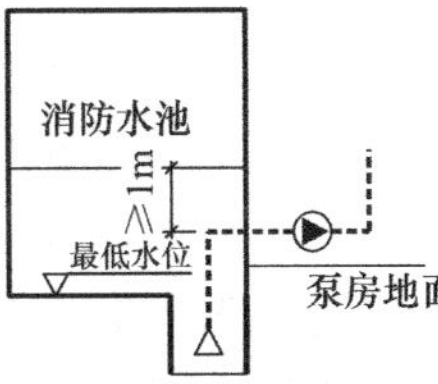

图5.2-5.1.9-2 消防水池最低水位观点二

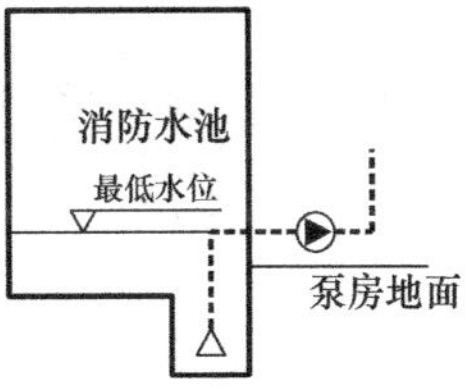

图5.2-5.1.9-3 消防水池最低水位观点三

参考观点：根据黄晓家等主编的《建筑给水排水工程技术与设计手册》2.9.2.6关于水泵能否自灌的定义描述：水泵能否自灌吸水，关键在于吸水管内和泵内是否经常处于充水状态。只要满足水泵初次自灌启动及检修后再运行时，能满足其自灌启动，以后的每次启动，水位无需必须在自灌水位以上。因为停泵后，假如水位降到（初次）自灌水位以下，只要吸水喇叭口还淹没在水中，水面上的空气不可能“潜水”从喇叭口进入吸水管内；而水泵出水管止回阀一旦关闭，尽管算不上严密，水能慢慢通过止回阀渗漏，但要在下次启动前，将水泵出水管止回阀以后所有管网（可能还有水箱）内的存水一泄而空，将水泵和吸水管内的水位降至（初次）自灌水位以下，谈何容易。

笔者观点：水泵启动有以下三种情况：①从准工作状态下启动水泵；②主泵备用泵切换或主备电切换时的二次启泵；③多台消防泵的依次启动，如两用一备的情况。无论是何种情况，由于消防水泵经常巡检，止回阀后管网也有屋顶消防水箱稳压，水泵和吸水管内的水位降至（初次）自灌水位以下不太可能发生；建议《栓规》在满足相关技术安全可行的前提下，给设计人员一定的选择空间，如消防水池最低水位低于水泵出水管中线，但最高水位又高于水泵出水管中线时，可允许按《建筑设计防火规范》GB 50016 8.6.6条文说明“若采用自灌式引水有

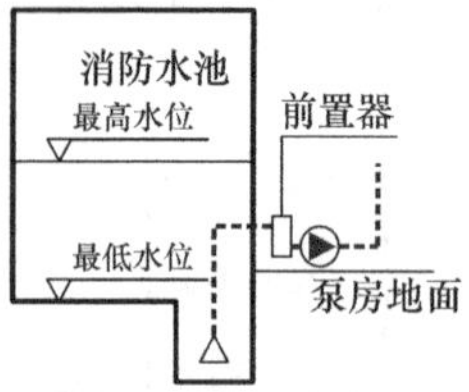

图 5.2-5.1.9-4 同步排吸式消防水泵吸水最低水位

困难时，应有可靠迅速的充水设备，如同步排吸式消防水泵”，采用同步排吸式消防水泵，见图 5.2-5.1.9-4；其实《栓规》中也并没有完全说清楚满足自灌的“最低水位”是指启动消防水泵瞬时的最低水位还是消防水池的最低水位，当然这有点玩文字游戏了。

【5.1.10】 消防水泵应设置备用泵，其性能应与工作泵性能一致，但下列建筑除外：

1 建筑高度小于 54m 的住宅和室外消防给水设计流量小于等于 25L/s 的建筑；

2 室内消防给水设计流量小于等于 10L/s 的建筑。

解读：本条指向明确，只需对照查相应室内外消火栓设计流量就可得出结论，应用条文时，应注意和其他相关条文（《栓规》条文 6.1.3 和条文 8.1.5）的协调统一。

条文第 1 款中有以下质疑问题：

（1）建筑高度小于 54m 的住宅的室内消防给水设计流量均小于等于 10L/s 的建筑，故第 1 条中“建筑高度小于 54m 的住宅和”建议删除。

（2）室外消防给水可采用一路供水须符合《栓规》6.1.3 第 1 款“……除建筑高度超过 54m 的住宅外，室外消火栓设计流量小于 20L/s 时可采用一路供水”的规定；室内消火栓可采用一路供水须符合《栓规》条文 8.1.5 第 1 款“……室外消火栓设计流量不大于 20L/s，且室内消火栓不超过 10 个时，除本规范第 8.1.2 条外……”的规定；从一致性和安全性角度考虑，要求一路供水的建筑，可不设备用泵，要求环状供水的建筑，应设备用泵，故第 1 款中“室外消防给水设计流量小于等于 25L/s 的建筑”建议改为“室外消防给水设计流量小于等于 20L/s 的建筑”。

【5.1.11】一组消防水泵应在消防水泵房内设置流量和压力测试装置，并应符合下列规定：

1 单台消防水泵的流量不大于20L/s、设计工作压力不大于0.50MPa时，泵组应预留测量用流量计和压力计接口，其他泵组宜设置泵组流量和压力测试装置；

……

4 每台消防水泵出水管上应设置DN65的试水管，并应采取排水措施。

解读：本条指向明确，难点在于如何准确理解设置流量和压力测试装置的意义、如何准确设置流量和压力测试装置的位置。

设置流量和压力测试装置是用于维护消防泵组，同时反映消防泵组在运行过程的完整工况（零流量、额定流量、150%额定流量）的，当仅用于人工定期巡检时，其流量和压力测试装置无需信号反馈。

考虑到屋顶高位消防水箱等稳压设施的存在以及水泵水锤时的超压对系统的影响，应对原有消防管路进行适当的调整，测试管路需从每台消防水泵出水管止回阀前接出，见图5.2-5.1.11-3，否则需在测试时人工关闭止回阀后的阀门，才能真实的反映消防水泵的运行工况。如从止回阀后接出，见图5.2-5.1.11-1和图5.2-5.1.11-2，消防的稳压系统会对测试形成干扰，即使消防水泵不运转，测试管照样有流量和压力的存在，无法模拟消防泵启动时的真实状态。

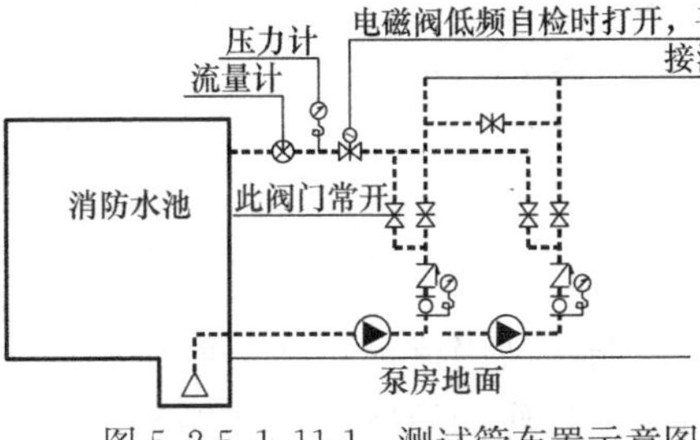

图5.2-5.1.11-1 测试管布置示意图一

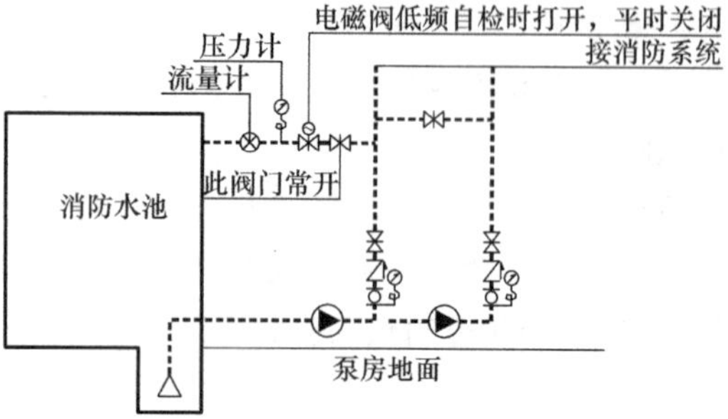

图 5.2-5.1.11-2 测试管布置示意图二

按《栓规》条文 11.0.14 “火灾时消防水泵应工频运行，消防水泵应工频直接启泵，当功率较大时，宜采用星三角和自耦降压变压器启动，不宜采用有源器件启动。消防水泵准工作状态的自动巡检应采用变频运行，定期人工巡检应工频满负荷运行并出流。”的规定，消防系统还需自动巡检（仅用于消防泵组启动阶段的测试，一般与人工巡检共用管路，但需测试水管上的阀门改为电磁阀或电动阀），通过低频工作（水泵在低转速下运行，出水压力仅 3～5m）来判断消防水泵能否及时运转及反馈相关信号，防止消防水泵长期不运转而引起转轴或叶轮锈死。测试管管径可采用 *DN*65，见图 5.2-5.1.11-3。

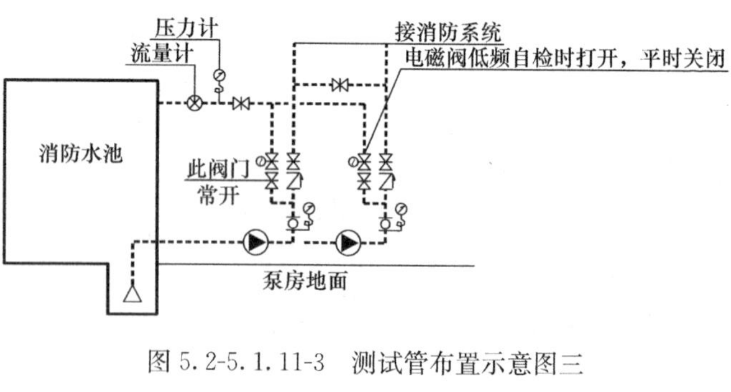

图 5.2-5.1.11-3 测试管布置示意图三

当消防水泵从消防水池吸水时，建议测试管回水接至消防水池内，可以利用测试管作为消防水池的循环管（人工投加消毒剂），改善消防水池的水质；测试管水回流到消防水池时，为了避免其冲击力产生大量气泡而被消防水泵吸入，建议测试管插入消防水池水面以下一定高度或设置减压阀减小回流压力；当采用地面散排或消防水泵从市政直接抽水时，建议设置专用排出口（栓口）并配水带以便通过水带拉至室外进行排放。

【5.1.12】消防水泵吸水应符合下列规定：

1　消防水泵应采取自灌式吸水；

2　消防水泵从市政管网直接抽水时，应在消防水泵出水管上设置有空气隔断的倒流防止器；

……

解读：本条1、2款为强制性条文，必须严格执行；本条的判断难点有“如何理解自灌式吸水”、“倒流防止器的设置”。

自灌式吸水解读见《栓规》条文5.1.9解读。

消防给水属中污染危害程度，减压型倒流防止器和低阻力倒流防止器均可用，但低阻力倒流防止器不宜设置在水泵出口段等反向压力较高的管道上，适合设置在水泵进口段和用户水管前等瞬间压力可降低的管道上，故当消防水泵从市政管网直接抽水时，消防水泵出水管上的倒流防止器必须为减压型倒流防止器。

本条文的条文说明中提到：“倒流防止器因构造原因致使水流紊乱，如果安装在水泵吸水管上，其紊乱的水流进入水泵后会增加水泵的气蚀以及局部真空度，对水泵的寿命和性能有极大的影响”。笔者认为，在两路市政引入管上分别设置低阻力倒流防止器，在水流紊乱区以后再设置水泵吸水管，则可避免此种情况。如果实际工程中，强制要求倒流防止器设置在水泵出水管上，当市政引入管敷设过长时，倒流防止器与市政引入管之间的管道死水在背压时反而会污染市政水源。

【5.1.14】当有两路消防供水且允许消防水泵直接吸水时，应符合下列规定：

1 每一路消防供水应满足消防给水设计流量和火灾时必须保证的其他用水；

2 火灾时室外给水管网的压力从地面算起不应小于0.10MPa；

3 消防水泵扬程应按室外给水管网的最低水压计算，并应以室外给水的最高水压校核消防水泵的工作工况。

解读：本条文应用难点为消防水泵直接从市政管网上吸水时，市政管网压力如何判断，可按以下方式处理：市政管网最低压力可取当地压力的0.6～0.9系数折算，在老城区且管网管径偏小，宜取0.6；在新区且管网管径大（给水干管大于*DN*400），取0.9；无资料时按0.10MPa取。最高压力可取当地自来水厂的出厂水压力值（按低流量时，水头损失忽略不计）。

【5.1.16】 临时高压消防给水系统应采取防止消防水泵低流量空转过热的技术措施。

解读：本条指向明确，规定了设有临时高压的消防给水系统，必须采取防止空转的措施。消防水泵在低流量时，扬程会超过系统额定压力，此时需要排除一部分水量，使其压力下降，目前大多数采取的措施是设置泄压阀，泄压阀的设置要求可按以下几点执行。

（1）泄压阀设置位置：设在消防水泵出水管止回阀前（见图5.2-5.1.16-1）时，能消解水泵零（低）流量运行所造成的

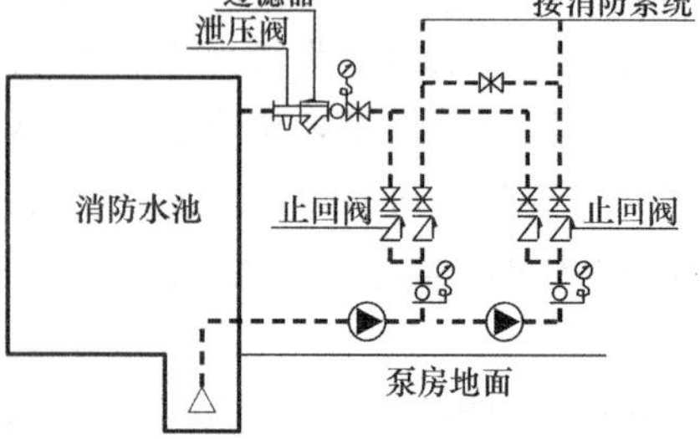

图5.2-5.1.16-1 泄压阀布置示意图一

超压；设在消防水泵出水管止回阀后（见图 5.2-5.1.16-2）时，不仅能消解水泵零（低）流量运行所造成的超压，也可消解由停泵水锤造成的超压。故建议泄压阀设置在消防水泵出水管止回阀后（沿水流方向）。

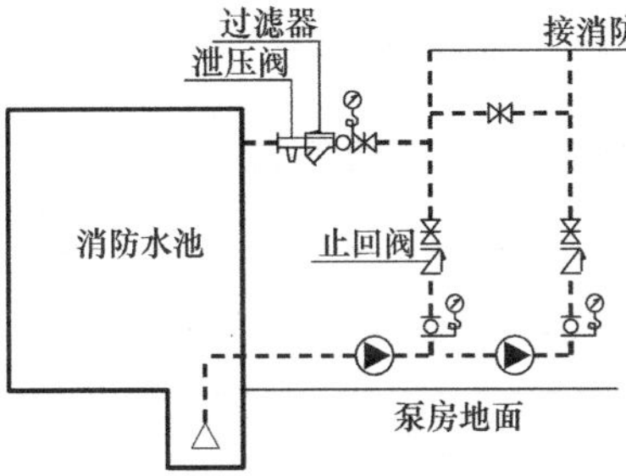

图 5.2-5.1.16-2　泄压阀布置示意图二

（2）泄压阀设定压力值：泄压阀的设定压力值应高于额定工况和准工作状态下的压力值，即高于消防主泵额定压力和稳压泵持压状态下在泄压阀处形成的压力。当系统设有稳压泵时，需复核稳压泵的停泵水锤压力（按稳压泵出水管管径 *DN*100，流量 5L/s 时，停泵水锤最大压力为 0.72MPa）是否高于泄压阀开启压力（此时不应开启，否则稳压泵可能会再次启动，导致稳压泵停不下来），一般可按系统额定工况和准工作状态下的压力值两者比较取大值的 1.05～1.10 倍，也可直接取大于该值10～15m。

（3）泄压阀管径取值：目前有两种方式，一种是取消防水泵出水管管径或小一号；另一种是取 *DN*100 或 *DN*150（消防水泵出水管管径≤150mm，采用 *DN*100 泄压阀；消防水泵出水管管径>150mm，采用 *DN*150 泄压阀）。从可靠性角度，选择前一种较为安全；从经济性角度，选择后一种也未尝不可。

【5.2.1】临时高压消防给水系统的高位消防水箱的有效容积应满足初期火灾消防用水量的要求，并应符合下列规定：

……（相关内容读者可查阅《栓规》）

【5.2.2】高位消防水箱的设置位置应高于其所服务的水灭火设施，且最低有效水位应满足水灭火设施最不利点处的静水压力，并应按下列规定确定：

解读：条文 5.2.1 和条文 5.2.2 指向明确，规定了设置的最小值，即不得小于该值但可以大于该值，为方便大家设计时快速查阅，按《栓规》要求整理表格 5.2-5.2.2-1。

高位消防水箱有效容积和静水压力汇总

表 5.2-5.2.2-1

	建筑高度（m）	最小有效容积（m^3）	最小静水压力（m）
一类高层民用公共建筑	≤100	36	10
	>100	50	15
	>150	100	
二类高层公共建筑、多层民用建筑		18	7
高层住宅建筑	>100	36	7
	>54 且≤100	18	7
	>27 且≤54	12	
多层住宅建筑	>21 且≤27	6	≤7
工业建筑	12（室内消防设计流量≤25L/s）		10（≥20000m^3）
	18（室内消防设计流量>25L/s）		7（<20000m^3）
商业建筑	36（建筑面积>10000m^2 且<30000m^2）		
	50（建筑面积>30000m^2）		

《栓规》对火灾初期非消防专业人员的灭火有了加强（消防软管卷盘使用范围扩大），故《栓规》对高位消防水箱的有效储水容积和静压要求有了不同程度的提高，此举措施对火灾初期的灭火是有利的；高位消防水箱增加的储水容积可作为初期无法预知的用水量和消防软管卷盘用水量的强化保证。

应用难点及解决方式：当综合体建筑中含有商业、酒店、办公等功能组合时，高位消防水箱有效容积的确定方法：可按《栓规》条文 5.2.1 第 1、2 款与第 6 款比较后取大值，其中第

1、2款按整体建筑定性后取值，第6款中的“总建筑面积”仅指商业区域建筑面积，而非整体建筑面积。

【5.2.6】 高位消防水箱应符合下列规定：

……

2 高位消防水箱的最低有效水位应根据出水管喇叭口和防止旋流器的淹没深度确定，当采用出水管喇叭口时，应符合本规范第5.1.13条第4款的规定；当采用防止旋流器时应根据产品确定，且不应小于150mm的保护高度；

……

6 进水管应在溢流水位以上接入，进水管口的最低点高出溢流边缘的高度应等于进水管管径，但最小不应小于100mm，最大不应大于150mm；

7 当进水管为淹没出流时，应在进水管上设置防止倒流的措施或在管道上设置虹吸破坏孔和真空破坏器，虹吸破坏孔的孔径不宜小于管径的1/5，且不应小于25mm。但当采用生活给水系统补水时，进水管不应淹没出流；

……

解读：本条第2款为强制性条文，必须严格执行，其应用难点在于高位消防水箱有效容积的确定。采用防旋流器的高位消防水箱，最低有效水位可取箱底以上250～300mm，一般高位水箱出水管取100mm，即无效水深＝100mm/2＋150mm＋（50～100）mm（考虑旋流器壁厚及安装空间）＝250～300mm，防旋流器图例见图5.2-5.2.6-1。

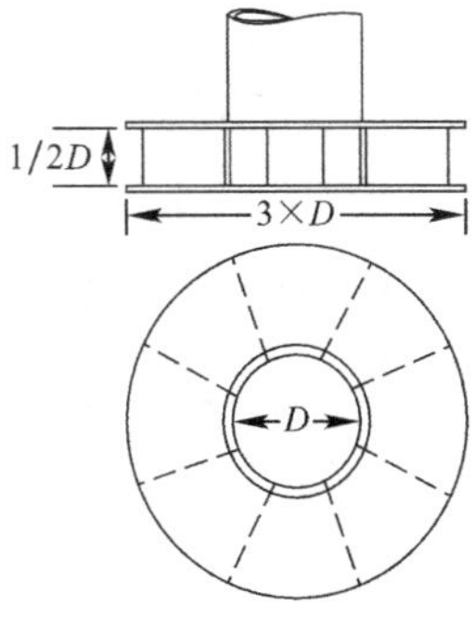

图5.2-5.2.6-1 旋流防止器

出水管采用喇叭口或防旋流器的水箱有效容积比较：由于建筑层高的限制，一般成品水箱高度为

2m，高位水箱出水管采用DN100。当高位水箱出水管采用喇叭口时，有效容积占总容积的45%（无吸水坑，见图5.2-5.2.6-2）和60%（有吸水坑，见图5.2-5.2.6-3）；当高位水箱出水管采用防旋流器时，有效容积占总容积的75%～77.5%（无吸水坑，见图5.2-5.2.6-4）和82.5%（有吸水坑，见图5.2-5.2.6-5）。

本条第6、7款，应结合《建筑给水排水设计规范》GB 50015—2003（2009年版）3.2.4C“从生活饮用水管网向消防、中水和雨水回用水等其他用水的贮水池补水时，其进水管口最低点高出溢流边缘的空气间隙不应小于150mm”执行。

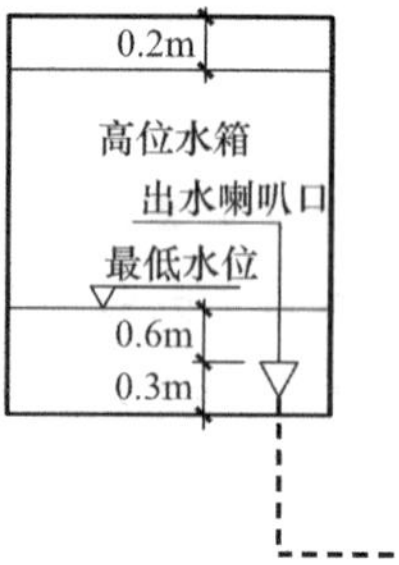

图5.2-5.2.6-2 屋顶消防水箱最低水位示意图一

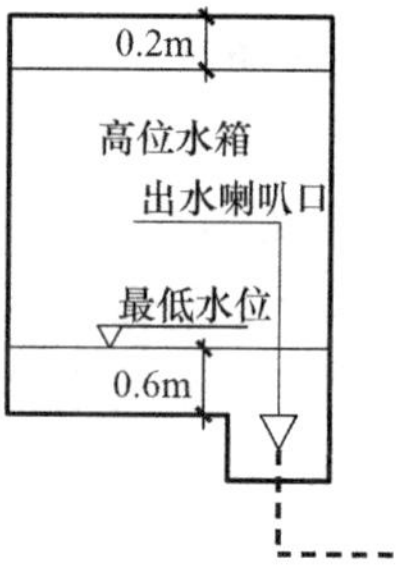

图5.2-5.2.6-3 屋顶消防水箱最低水位示意图二

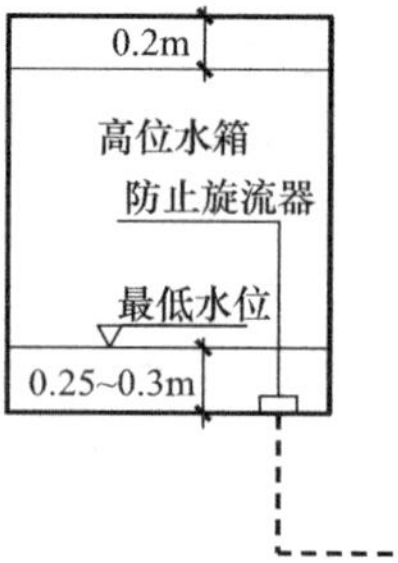

图5.2-5.2.6-4 屋顶消防水箱最低水位示意图三

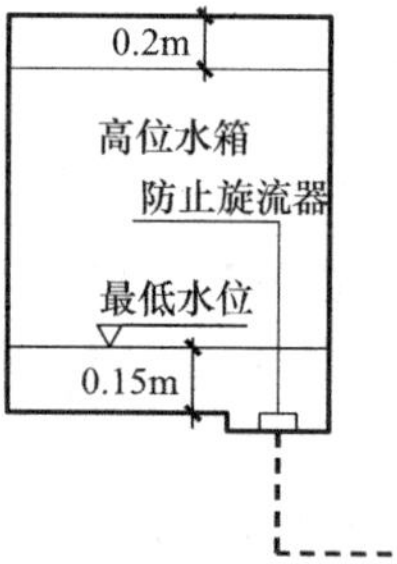

图5.2-5.2.6-5 屋顶消防水箱最低水位示意图四

【5.3.3】稳压泵的设计压力应符合下列要求：

1 稳压泵的设计压力应满足系统自动启动和管网充满水的要求；

2 稳压泵的设计压力应保持系统自动启泵压力设置点处的压力在准工作状态时大于系统设置自动启泵压力值，且增加值宜为0.07MPa～0.10MPa；

3 稳压泵的设计压力应保持系统最不利点处水灭火设施在准工作状态时的静水压力应大于0.15MPa。

解读：本条第一款为强制性条文，必须严格执行。本条为稳压泵设计压力具体规定和设置原则，含1款强条，为正确理解本条及正确确定稳压泵设计压力，应先弄清下列概念：

(1)"系统自动启动"是指稳压泵能自动启动、消防水泵能自动启动，即稳压泵（压力开关）能联动消防水泵；

(2)"自动启泵压力设置点处的压力"指压力开关（或压力变送器）设置点处的压力，该压力值与压力开关（或压力变送器）的设置位置有关；

(3)"准工作状态"指稳压泵的准工作状态，包含三个状态：稳压泵启泵状态点、稳压泵停泵状态点以及两者之间的状态；

(4)"系统设置自动启泵压力值"指消防主泵的启泵压力设定值，该值可以大于消防主泵额定工况值，也可以小于消防主泵额定工况值，但必须大于第3款的规定值（根据临时高压的定义，在消防水泵未达到正常启动状态时，可不满足水灭火设施所需要的压力）；

(5)条文中的"保持"、"大于"表明该压力为最低设定压力值，即稳压泵启泵压力需以该最低设定压力值为基准计算来设定；

(6)"水灭火设施（一般指消火栓或喷头）在准工作状态时的静水压力"是指不出水时，管网在某点的压力；

(7)"准工作状态时的静水压力"是指系统的最高工作压力

值（P_2）。

条文第1、2、3款结论：

(1) 依据第1款可得：设有稳压泵的消防系统应能压力联动消防水泵；

(2) 依据第2款可得：稳压泵启泵压力值（P_{S1}）≥系统设置自动启泵压力值（P_2）+（0.07～0.10）MPa；

(3) 依据第3款可得：压力开关处的最高工作压力值（P_2）≥压力开关位置与系统最不利点水灭火设施的标高差（ΔH）+0.15MPa。

(4) 本条只规定稳压泵启泵压力值，未规定停泵压力值，停泵压力值由《栓规》条文5.3.4条确定。稳压泵在"准工作状态时的压力"属于"静水压力"，条文第3款可以简化为：系统最不利点处水灭火设施的静水压力（P_2）≥0.15MPa。当高位水箱放置在屋顶（水箱底部和最不利层喷淋配水干管高差约3.0m），同时喷淋报警阀间设置在屋顶，0.15MPa刚好满足报警阀的开启压力以及满足30s最不利4～5个喷头开启的工况压力。

《栓规》条文与其他规范条文比对：

(1) 根据《气压给水设计规范》CECS 76：95中4.3.9"缓冲水容积下限水位压力P_{S1}与贮水容积上限水位压力P_2的压差Δp，一般可取0.02MPa"，主泵启动点压力（P_2）+（0.02～0.05）MPa=稳压泵启泵点压力（P_{S1}）；由上海《民用建筑水灭火系统设计规程》DGJ 08—94—2007中9.1.15条文说明："稳压泵、消防泵之间联动的压力值既要保证稳压泵的启闭压力大于消防泵，又要满足系统压力的要求。所提出的压差0.05MPa是最低要求。稳压泵的停泵水位要高出消防泵启动水位，以不至于造成由屋顶水箱来稳压的情况。据实际调试经验，一般可取7～10m的压差"。可知主泵启动点压力（P_2）+（0.07～0.10）MPa=稳压泵停泵点压力（P_{S2}），其中稳压泵启泵点压力（P_{S1}）=主泵启动点压力（P_2）+缓冲压力（一般可取0.02MPa～0.05MPa）；条文第 2 款中的增加值，《栓规》中取 0.07MPa～0.10MPa 过大。

（2）条文第 2 款取值为稳压泵启泵点压力，系统静压分区须以准工作状态的最高值来分区（即稳压泵停泵压力值），这样无形中会增加分区的负担；《上海民用建筑水灭火系统设计规程》取值为稳压泵停泵点压力，这样稳压泵启泵点压力会比条文第 2 款取值小 0.05MPa（缓冲压力取 0.02MPa～0.05MPa）。

【5.3.4】 设置稳压泵的临时高压消防给水系统应设置防止稳压泵频繁启停的技术措施，当采用气压水罐时，其调节容积应根据稳压泵启泵次数不大于 15 次/h 计算确定，但有效储水容积不宜小于 150L。

解读：本条规定有 3 个用意：①必须有防止稳压泵频繁启、停的技术措施；②当技术措施采用气压罐时，调节容积应计算确定，计算参数之一为稳压泵启泵次数 $n\leqslant 15$ 次；③当计算有效容积小于 150L 时，可取 150L。

为正确理解本条，应先明确以下概念：条文中的“调节容积”指气压水罐的“稳压容积”，而非“消防贮水容积”，故本条文其实只规定了“稳压容积”不宜小于 150L，“消防贮水容积”须经计算后方可得到。

气压水罐调节容积计算公式：$V=\alpha q/4n$　（5.2—5.3.4—1）

按上述公式，当气压水罐调节容积 $V=150$L 时，$q=4nV/\alpha=4\times15\times0.15/(1.0\sim1.3)=2.5\sim1.923$L/s。（式中：$V$——气压罐的调节容积（$m^3$）；$q$——稳压泵的设计流量（$m^3/h$）；$n$——稳压泵 1h 内的启泵次数；$\alpha$——安全系数取 1.0～1.3）

条文 5.3.2 第 2 款：“消防给水系统管网的正常泄漏量应根据管道材质、接口形式等确定，当没有管网泄漏量数据时，稳压泵的设计流量宜按消防给水设计流量的 1%～3%计，且不宜小于 1L/s(3.6m^3/h)。”由气压水罐调节容积 $V=\alpha q/4n$ 推导得 $n=\alpha q/4V=3.6\times(1.0\sim1.3)/4\times0.15=6\sim7.8$ 次/h。

结论：气压水罐调节（稳压）容积取 150L 时，稳压泵流量应取 1～2.5L/s；气压水罐调节（稳压）容积 300L 时，稳压泵流量应取 1～5L/s；如设定稳压罐的调节（稳压）容积 150L，那么稳压泵流量和启泵次数成正比关系，即 $q=0.6n\sim0.46n$，见图 5.2-5.3.4-1。

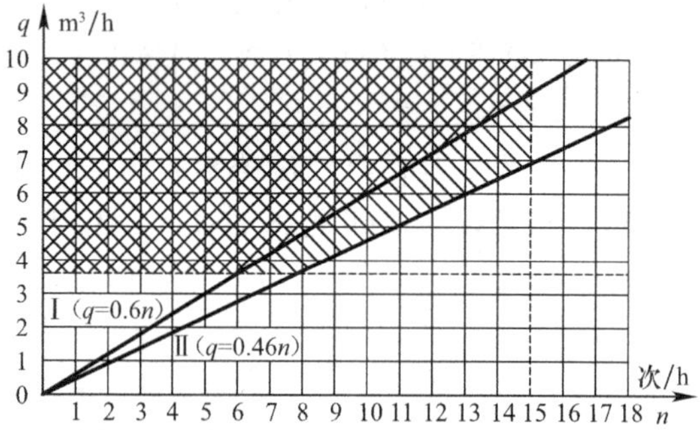

图 5.2-5.3.4-1 流量和启泵次数关系图

其中 $q=0.6n$、$q=0.46n$ 为临界线，即气压水罐调节（稳压）容积最小值 150L；阴影部分均为可选取区，即为气压水罐调节（稳压）容积大于 150L。

拓展分析：

（1）稳压系统的最大允许管道长度估算：按每小时启动 15 次，则每次运行时间 $T_1=150\text{L}/(1\sim2.5\text{L/s})=150\sim60\text{s}(2.5\sim1\text{min})$，理论上平均每次停泵时间 $T_2=[60-15\times(2.5\sim1)]\text{min}/(15-1)=1.6\sim3.2\text{min}$，取 3.2min，管网渗漏量为 150L/3.2min=46.8L/min；参照《给水排水管道工程施工及验收规范》GB 50268 表 9.2.11：压力管道水压试验的允许渗水量［DN100 焊接接口钢管为 0.28L/（min・km）；DN150 焊接接口钢管为 0.42L/（min・km）］；结合两者数据，最大允许管道长度（按 DN150）=46.8L/min/0.42[L/（min・km）]=110km，取 2.0 的安全系数后约为 55km。关于稳压泵流量取值和最大允许管道长度取值计算是为了说明《栓规》对于稳压泵启动次数作出规定是表面现象，真正的目的是对系统大小作出限制。

(2) 稳压系统最大服务范围估算：按经验，一般平均每个消火栓保护的面积约200～300m^2，每个消火栓折算对应的管道长度约6～12m（此处取10m），则55km对应的消火栓数=55/0.01=5500个栓，总建筑面积=5500×200=110万m^2，故完全可满足一起火灾（以50万m^2为界限）情况下的稳压要求。

(3) 流量开关流量取值估算：按《栓规》要求，居住小区消防供水的最大保护建筑面积不宜超过50万m^2。50万m^2的单体或建筑群消防管道总长度=55km×(50/110)=25km，管网渗漏量=25km×0.42L/(min·km)［*DN*150焊接接口钢管允许渗水量］=10.5L/min，取2.0的安全系数后流量开关的动作流量值可取21L/min。

(4) 流量开关误启动：根据《栓规》条文12.2.8第4款"流量开关应能在管道流速为0.1～10m/s时可靠启动……"，按*DN*100管径计算得流量值约为50L/min，当减压阀组进行维护排水、泄压排水时，均会引起流量开关误启动，对于此种状况不知规范组如何解释。

(5) 消防贮水容积计算：消防贮水容积可按本书"5.3.3计算举例"得出的P_1、P_2、P_{S1}、P_{S2}通过波马定律计算。

【5.4.1】 下列场所的室内消火栓给水系统应设置消防水泵接合器：

1 高层民用建筑；

2 设有消防给水的住宅、超过五层的其他多层民用建筑；

3 超过2层或建筑面积大于10000m^2的地下或半地下建筑（室）、室内消火栓设计流量大于10L/s平战结合的人防工程；

4 高层工业建筑和超过四层的多层工业建筑；

5 城市交通隧道。

解读：本条为强制性条文，必须严格执行。规定了消防水泵接合器的设置原则。应用本条需注意下列关键词：超过四层，不含四层；超过五层，是指六层及六层以上。水泵接合器作为辅助供水设置，未要求设置的场所，设置了也不为错。

【5.4.3】消防水泵接合器的给水流量宜按每个10～15L/s计算。每种水灭火系统的消防水泵接合器设置的数量应按系统设计流量经计算确定，但当计算数量超过3个时，可根据供水可靠性适当减少。

解读：本条为水泵接合器数量确定原则，含以下3层意思：①每个水泵的设计流量为10～15L/s；②水泵接合器的数量应经计算确定；③数量超过3个（即4个和4个以上时）可减少，判断依据为供水是否可靠性。

应用难点及解决方法：①供水可靠性如何界定：所谓供水可靠性无严格的界限，一般认为市政两路不间断供水（流量和压力均满足）、高位消防水池供水、两路市电、设有柴油发电机组的临时高压系统均可认为可靠性比较高；②如何适当减少：室内消火栓系统、自动喷淋系统应各自独立计算是否超3个，不应按累加计算；③位置如何选取：设计时应考虑消防车数量和水泵接合器一对一使用，布置太密集，消防车不易停靠。

【5.4.4】临时高压消防给水系统向多栋建筑供水时，消防水泵接合器应在每座建筑附近就近设置。

【5.4.7】水泵接合器应设在室外便于消防车使用的地点，且距室外消火栓或消防水池的距离不宜小于15m，并不宜大于40m。

解读：5.4.4为新增条文，条文制定初衷是火灾时，方便消防队员寻找水泵接合器，避免某个单体发生火灾时，需要到其他单体或其他位置寻找水泵接合器，不利于快速灭火。

应用难点：建筑栋数越多，设置难度越大，常规设计有以下两种方式：①每栋单体按系统流量要求设计水泵接合器数量（可结合《栓规》条文5.4.3适当减少）；②每栋单体附近设置，每个系统只要有就行，不强调数量，但整体数量需满足条文5.4.3要求。

正确理解规范需掌握如下要点：①未要求每栋设置；②就近设置原则（所谓就近，到底多远算就近，规范未规定，我们不妨可以理解为在对应的室外消火栓15～40m范围的水泵接合器，只要视野不被遮挡、不隔楼，均可理解为就近）；③未要求每栋附近满额设置，有就行。

【5.4.6】 消防给水为竖向分区供水时，在消防车供水压力范围内的分区，应分别设置水泵接合器；当建筑高度超过消防车供水高度时，消防给水应在设备层等方便操作的地点设置手抬泵或移动泵接力供水的吸水和加压接口。

解读：参考《高层民用建筑设计防火规范》GB 50045条文以及条文说明的表述方式，一般条文推荐采用普遍性的做法，条文说明中会对特殊情况予以明确；《高层民用建筑设计防火规范》GB 50045条文说明："本条文当采用串联给水方式时，上区用水从下区水箱抽水供水，可仅在下区设水泵接合器"，包括江苏、上海省标中也允许仅在下区设水泵接合器，但《栓规》5.4.6条文说明中删除了该内容；NFPA14要求每个分区应安装一个或多个水泵接合器，但水源为串联供水时，不要求安装高区的水泵接合器。综合以上因素，故建议《栓规》将条文5.4.6作放宽处理为妥。

条文应用难点：手抬泵工作方式、消防车供水高度。

(1) 手抬机动消防泵：手抬机动消防泵（简称手抬泵）指与轻型发动机组装为一体、可由人力移动的消防泵。手抬泵的附件包括吸水管、水带、水枪、滤水器等，吸水管长7～9m。在横向、纵向倾斜25°条件下，在额定流量和出水压力工况下正常工作1h。手抬泵使用有其限制条件：一台手抬泵（见手抬泵技术参数表5.2-5.4.6-1）只能对应一个接合器，正常工作时间只有1h，与火灾延续时间无法对应（只能满足喷淋的火灾延续时间，这也是原规范只有在喷规上有所使用的原因）。条文中未明确手抬泵和移动泵的设置数量，但根据《栓规》

条文 5.4.3，也可适当减少。

手抬泵技术参数　　　　表 5.2-5.4.6-1

	BJC5	BJ10（四冲程）	BJ15（二冲程）	BJ20（四冲程）	BJ25（二冲程）
形式	柴油机	汽油机	汽油机	汽油机	汽油机
冷却方式	风冷	风冷	风冷	水冷	水冷
最大功率 HP	5	10	15	20	25
进水口径（mm）	65	65	65	75	90
出水口径（mm）	50	50	65	65	65
扬程（m）	36	50	55	60	85
流量（L/min）	330	510	560	750	660
吸深（m）	5.5	6.5	6	7	7

（2）消防车供水高度：关于消防车供水高度，每个城市的经济发展水平不一样，配置的消防车类型也不同。为了使消防车载水泵能够长时间正常运转，在一般情况下，对于普通消防车水泵出口压力不宜超过 80m。2011 年实施的《城市消防站建设标准》中关于消防站主要消防车辆的技术性能规定：水罐消防车必须配备中低压水罐消防车，低压（1.0MPa）工况时流量为 40L/s，中压（1.8MPa）工况时流量为 20L/s。要求水带线路（水带接口）滴水不漏是很难做到的，所以消防车的供水保护高度宜按理论高度的 80%折算，以利安全。对于普通消防车，供水保护高度可达 50m；对于中低压水罐消防车低压工况，供水保护高度可达 80m；对于中低压水罐消防车中压工况，供水保护高度可达 120m。

【5.5.11】 消防水泵出水管应进行停泵水锤压力计算，并宜按下列公式计算，当计算所得的水锤压力值超过管道试验压力值时，应采取消除停泵水锤的技术措施。停泵水锤消除装置应装设在消防水泵出水总管上以及消防给水系统管网其他适当的位置：

解读：本条文应用有 2 个难点：水锤如何计算、水锤如何消除。

（1）水锤计算：停泵水锤最大压力和管道公称直径、流量有关，管道公称直径越大，停泵水锤最大压力越小；流量越大，停泵水锤最大压力越大。各管道停泵水锤计算如表5.2-5.5.11-1所示（其中*DN*150，壁厚为4.5mm；*DN*125，壁厚为4.5mm；*DN*100，壁厚为4.0mm）。

管道停泵水锤计算　　　　表5.2-5.5.11-1

公称直径（mm）	流量（L/s）	流速（m/s）	水锤最大压力（MPa）
*DN*150	40	2.008	2.49
*DN*150	30	1.506	1.87
*DN*150	25	1.255	1.56
*DN*150	20	1.004	1.25
*DN*150	15	0.753	0.93
*DN*150	10	0.502	0.62
*DN*125	40	2.969	3.76
*DN*125	30	2.227	2.82
*DN*125	25	1.856	2.35
*DN*125	20	1.485	1.88
*DN*125	15	1.114	1.41
*DN*125	10	0.742	0.94
*DN*100	40	4.509	5.78
*DN*100	30	3.382	4.33
*DN*100	25	2.818	3.61
*DN*100	20	2.255	2.89
*DN*100	15	1.691	2.17
*DN*100	10	1.127	1.44

（2）水锤消除：消除停泵水锤技术措施可以有以下三种：①水锤消除器；②稳压水罐低位设置（水泵出水管处）；③泄压阀。三种装置均宜设在水泵出口处的止回阀后，这样既能消除停泵水锤又能消除小流量运行时超压和其他原因的超压。设计时应注意，对于设有稳压水泵的消防系统，稳压泵的停泵水锤不能依靠泄压阀来消除，否则可能会出现稳压泵反复启停的现象，此时泄压阀的开启压力应大于稳压泵停泵水锤压力。

【5.5.12】 消防水泵房应符合下列规定：

……

2 附设在建筑物内的消防水泵房，不应设置在地下三层及以下，或室内地面与室外出入口地坪高差大于10m的地下楼层；

……

解读：本条文为强制性条文，必须严格执行。本条文制定初衷是，火灾时为便于消防人员及时到达消防水泵房现场手动启动消防水泵。

正确理解要点：①消防水泵房不应设在地下三层及以下，并不等于消防水泵房不能设在地上楼层；②消防水泵房不应设在地下三层及以下，并不等于消防水池不能设在地下三层及以下；③消防水泵房和消防水池可以分楼层设置；④室外出入口地坪并不一定指建筑室外道路，也可以是内庭院或下沉广场。

应用难点：①消防水池设在地下三层及以下；②消防水泵房设在地下三层及以下。

解决方式：①将消防水泵房移位至地下二层及以上位置（泵房室内地面与室外出入口地坪高差不大于10m），并根据《栓规》5.1.9.5的要求，设置轴流深井泵；②如有下沉广场可利用的场所，将消防水泵房的疏散口通向下沉广场，满足消防水泵房室内地面与下沉广场地坪高差不大于10m，否则应将消防水泵房上移至其他楼层。

5.3 条文应用

5.3.1 问题解答

问1：消防水泵设计流量是否按额定工况运行，出流量等于其设计流量。

答：消防水泵设计流量不等同于灭火时消防水泵出水流量。如建筑A室内消火栓设计流量为20L/s，建筑B室内消火栓设计流量为40L/s，两栋单体按一次火灾共用室内消火栓泵组进行设计，消火栓泵组设计流量选用40L/s。当建筑A发生火灾时（消火栓设计流量20L/s），该泵组（选用设计流量40L/s）进行消防灭火，此时泵组的运行工况为非标准工况，管网流量为20L/s（如有泄压，少部分水泄压流失，实际泵组的出流量略大于20L/s），出流压力高于额定设计压力。由此可知消防泵在运行时出水量并不等同于额定设计流量，其出水量是根据火灾时实际用水量来决定的，这也是规定消防水泵曲线条件的原因之一。

问2：建筑高度小于54m高层住宅小区，室内外消防均采用临时高压消防给水系统，室外消火栓水泵和室内消火栓水泵是否均可不设备用水泵。

答：住宅小区各要求符合《栓规》条文5.1.10所有要求，同时《汽车库、修车库、停车场设计防火规范》GB 50067（室外消防给水设计流量小于等于20L/s，室内消防给水设计流量小于等于10L/s）也符合《栓规》条文5.1.10所有要求，故室外消火栓水泵可不设备用泵。结合《栓规》条文8.1.2（室内消火栓给水管向两栋及以上建筑供水或室内消火栓给水管采用临时高压消防给水系统时，须采用环状给水管网，向环状管网供水的消防泵须设备用泵），室内消火栓水泵须设备用泵。

问3：屋顶消防水箱的增压稳压设施是否可以设在地下水泵房内。

答：可以，参考图2.1-2.1.3-1～图2.1-2.1.3-4，增压稳压设施无论设置在哪里，都对系统的定性无影响，一般建议稳压泵的水源从屋顶消防水箱引来（某些地方不允许直接从消防水池引水，如江苏省）。当设置在屋顶时，稳压泵扬程较小（根据气压给水设计计算，气压水罐处工作压力越小，相应的最高压力、稳压泵启停泵压力也越小，故可减小稳压泵扬程），泵壳承压小，但需考虑屋顶露天保温（一般情况下建议设屋顶专用水泵房）；当设置在地下时，稳压泵扬程较设置屋顶时适当增大，但泵壳承压大大增大（屋顶水箱静压），设计时需注明泵壳承压值。

问4：连接室内外消防系统的水泵接合器根据室内消防水量配置，但室外消防流量与建筑单体的室内消防流量取值是不同的。室外消防、水泵接合器、室内消防究竟是何种对应关系，火灾发生时它们是如何衔接。

答：水泵接合器主要作用有：①当无室内消防水泵时，消防车载水泵通过水泵接合器向室内管网供水，如干式竖管系统；②当室内消防水泵因检修、停电或其他故障时，消防车载水泵通过水泵接合器向室内管网供水；③当室内消防用水流量超过设计流量时，消防车载水泵通过水泵接合器向室内管网供水；④当室内消防灭火超过火灾延续时间时，消防车载水泵通过水泵接合器向消防水池补水；⑤当室内消防水泵的流量超负荷供给导致水压不足时，消防车载水泵通过水泵接合器直接和室内消防水泵形成串联供水。其中④和⑤要求管网的设计上有些微量调整。

室外消防流量和室内消防流量是两个概念，室外消防是用于外部扑救，室内消防是用于内部扑救，两者标准和设计要求是不同的。消防车载水罐水源可取自室外消防栓、市政消火栓、天然水源，室外消防的主要任务并不是供给室内消防水量，给室内消防补水仅仅是在特殊情况下对室内消防的增援措施而已，故室外消防设计流量可与室内消防设计流量取值不同。

5.3.2 拓展思考

拓展思考部分重在交流、探讨，笔者结论仅供参考。

思考1：《栓规》在给设计人员更大设计空间的同时，也出现了一些不容易调和的情况，比如有关消防水泵接合器的设置，条文5.4.3和条文5.4.4，一个说可以适当减少，一个说应在每栋建筑附近就近设置。这类方向性条款的出现，表面看是有些矛盾，其本质是对设计人员提出了更高的要求，需要大家在掌握基本原则的前提下，根据项目具体情况，因地制宜，做有智慧的设计人员而不是机械的数字记录仪、绘图机器。

思考2：条文5.2.1中仅提及高位消防水箱的有效容积，条文及条文说明均没有给出具体的计算公式及方法，所以在具体设计中"不应小于**立方米"就变成"等于**立方米"。当水箱功能比较单一时，问题不大，如果水箱担任双重功能，比如转输水箱兼作高位消防水箱时，该水箱有效容积的确定就存在一定的技术盲区。

思考3：某一类高层民用公共建筑（建筑高度不超过100m）的消火栓系统气压水罐调节容积应为5L/s×2×30s=300L；当其建筑高度超过100m时，消火栓系统气压水罐调节容积应为5.42L/s×2×30s=325L（5.42L/s为13m充实水柱对应的栓口流量）。

分析：《高层民用建筑设计防火规范》GB 50045条文7.4.8规定"增压水泵的出水量，对消火栓给水系统不应大于5L/s；对于自动喷水灭火系统不应大于1L/s；气压水罐的调节水容量宜为450L。"7.4.8条文说明"设置增压设施的目的主要是在火灾初起时，消防水泵启动前，满足消火栓和自动喷水灭火系统的水压要求。对增压水泵，其出水量应满足一个消火栓用水量或一个自动喷水灭火系统喷头的用水量。对气压给水设备的气压水罐其调节水容量为2支水枪和5个喷头30s的用水量，即2×5×30+5×1×30=450L。"

其实从以上条文和条文说明中，我们并没看到稳压系统水压和调节容积要求满足相应建筑充实水柱下的标准，水压和用水量可以是7m静压标准下的要求也可以是10m（15m）充实水柱标准下的要求，每支水枪按5L/s（每个喷头按1L/s）仅仅是一个模糊概念，不同楼层出水时的流量到底是几何是无法控制的，所以根本无从谈起满足30s，《栓规》中已经不再谈30s的概念，且其消防储水容积也未作规定。

问题中有此顾虑的原因是：想当然的将准工作状态下的标准和额定工况下的标准混合，认为从准工作到额定工况这段时间内的出水一直是满足额定充实水柱要求的，从火灾初期到消防水泵正常出水时间范围的充实水柱长度要求是无缝连接的。

实际30s时间并不能起到承上启下的作用，根据《建筑设计防火规范》GB 50016条文8.6.9规定消防水泵应保证在火警后30s内启动，注意仅仅是要求启动，即在这30s内只要接通消防水泵的电路就行，根据《栓规》条文11.0.3规定从接到启泵信号到水泵正常运转时间应在2min内正常工作（以备用泵的启动时间为准），那么按问题中的情况考虑，在30s～2min这段时间内的水压又如何保证。《高层民用建筑设计防火规范》GB 50045规定30s是调节容积的要求，而非时间上的要求，该容积可用于压力联动或流量联动消防水泵，一旦消防水泵接收信号，调节容积的使命也就完成。

结论：消防稳压系统气压水罐的消防储水容积和建筑高度、建筑类型无关，其值只要按波马定律计算结果选取即可。

思考4：设有稳压水泵装置的消防系统，稳压泵的设计压力取值如何确定，稳压泵是否必须要联动消防主泵。

分析：根据《栓规》条文5.3.3的解读，设有稳压泵的消防系统，稳压泵（压力开关）须联动消防主泵。

稳压泵的设计压力的取值与“系统设置自动启泵压力值”的取值有关，该值可以是由消防系统最低工作压力（P_1）为基准计算所得的P_2值，也可以由压力开关处的最高工作压值（P_2）≥稳压泵水源位置与系统最不利点水灭火设施的标高差（ΔH）+0.15MPa计算而来。

假设在压力开关处消防系统所需的最低工作压力为P_1，最高工作压力为P_2，稳压水容积下限水位压力为P_{S1}（启动稳压泵压力点），稳压水容积上限水位压力为P_{S2}（停止稳压泵压力点），α_b为气压水罐最低工作压力和最高工作压力之比（以绝对压力计），一般取 0.65～0.85。其计算方式如下：$P_2=(P_1+0.098)/\alpha_b-0.098$，由于压力开关（或流量开关）精度、灵敏性的差异，缓冲水容积的上、下限水位压差不应小于 0.07～0.10MPa（根据《栓规》条文 5.3.3 第 2 条）；稳压水容积上、下限水位压差不应小于 0.05MPa，则：$P_{S1}=P_2+0.07\sim0.10$MPa；$P_{S2}=P_{S1}+0.05\text{MPa}=P_2+0.12\sim0.15$MPa。

5.3.3 计算举例

例 1：某一类高层公建，建筑高度为 88m，层高 4m。由于条件限制，屋顶消防水箱设置高度不满足《栓规》条文 5.2.2 第 1 条要求，需设稳压设施，详见图 5.3.3-1～图 5.3.3-3（图仅为示意，未考虑分区），采用压力开关（均设在稳压泵出口处）联动消火栓主泵，分别按图三种情况计算消火栓系统在稳压设施处的最低工作压力、最高工作压力、稳压泵启停压力、稳压泵扬程和流量、气压水罐有效贮水容积。

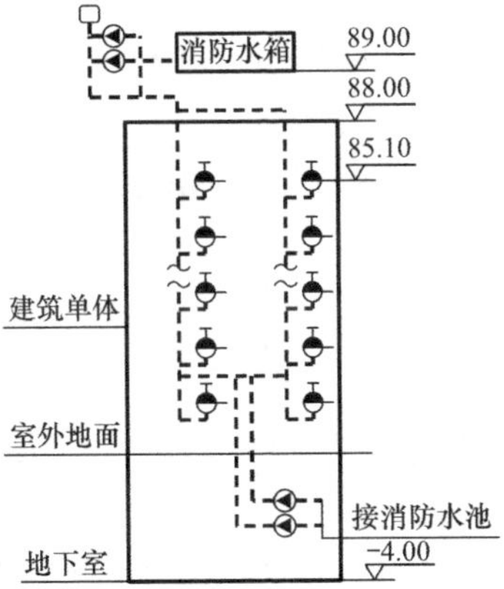

图 5.3.3-1 稳压设施布置示意图一

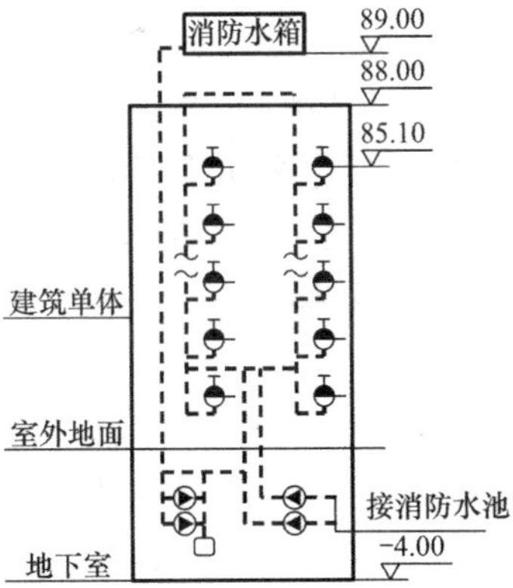

图 5.3.3-2 稳压设施布置示意图二

取消防水箱有效最低水位 89.50，稳压设施至最不利楼层消

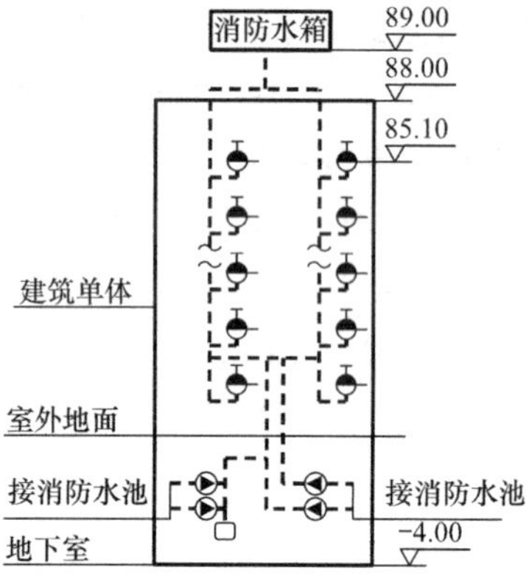

图 5.3.3-3 稳压设施布置示意图三

火栓处的水头损失$\sum h$=1.0m（稳压设施位置不同，水头损失也不同，为方便计算，此处取相同），气压水罐工作压力比α_b=0.85，消火栓主泵出水管中心线标高−3.50m。

根据条文 5.3.3 的解读，稳压泵的设计可按下列两种基准值计算。

（1）以消防系统最低工作压力（P_1）为基准计算：

① 图 5.3.3-1 计算如下：

最低工作压力 P_1=0.35［最不利栓口压力，根据《栓规》7.4.12 第 2 款］+0.01−0.044［由 89.50−85.10 计算所得］=0.316MPa；

最高工作压力 $P_2=(P_1+0.098)/\alpha_b-0.098=0.414/0.85-0.098=0.39$MPa；

稳压泵启动压力 $P_{S1}=P_2+$（0.07～0.10）MPa=0.46～0.49MPa，取 0.475MPa；

稳压泵停泵压力 $P_{S2}=P_2+$（0.12～0.15）MPa=0.51～0.54MPa，取 0.525MPa；

稳压泵扬程 $H=(P_{S1}+P_{S2})/2=(0.475+0.525)/2=0.50$MPa；

稳压泵流量 $1L/s\leqslant q\leqslant 4nV/\alpha=4\times15\times0.15/(1.0\sim1.3)=2.5\sim1.923L/s$，取 q=2L/s；

气压水罐有效贮水容积：P_1、P_2、P_{S1}、P_{S2}、V_s［稳压容积=150L］已知，根据波马定律可分别求出 V_a［缓冲容积］=325L；V_x［贮水容积］=390L。

② 图 5.3.3-2 计算如下：

最低工作压力 P_1=0.35［最不利栓口压力，根据《栓规》

7.4.12 第 2 条]+0.01+0.886 [由 85.10+3.50 计算所得]=1.246MPa；

最高工作压力 $P_2=(P_1+0.098)/\alpha_b-0.098=1.344/0.85-0.098=1.48$MPa；

稳压泵启动压力 $P_{S1}=P_2+$ (0.07～0.10) MPa=1.55～1.58MPa，取 1.565MPa；

稳压泵停泵压力 $P_{S2}=P_2+$ (0.12～0.15) MPa=1.60～1.63MPa，取 1.615MPa；

稳压泵扬程 $H=(P_{S1}+P_{S2})/2-(0.895+0.035)=(1.565+1.615)/2-0.93=0.66$MPa[不计消防水箱至稳压泵进口段的管网水头损失]；

稳压泵流量 $1L/s\leqslant q\leqslant 4nV/\alpha=4\times15\times0.15/(1.0\sim1.3)=2.5\sim1.923L/s$，取 $q=2L/s$；

气压水罐有效贮水容积：P_1、P_2、P_{S1}、P_{S2}、V_s [稳压容积=150L] 已知，根据波马定律可分别求出 V_a [缓冲容积] =260L；V_x [贮水容积] =940L。

③ 图 5.3.3-3 计算如下：

最低工作压力 $P_1=0.35$ [最不利栓口压力，根据《栓规》7.4.12 第 2 条]+0.01+0.886 [由 85.10+3.50 计算所得]=1.246MPa；

最高工作压力 $P_2=(P_1+0.098)/\alpha_b-0.098=1.344/0.85-0.098=1.48$MPa；

稳压泵启动压力 $P_{S1}=P_2+$ (0.07～0.10) MPa=1.55～1.58MPa，取 1.565MPa；

稳压泵停泵压力 $P_{S2}=P_2+$ (0.12～0.15) MPa=1.60～1.63MPa，取 1.615MPa；

稳压泵扬程 $H=(P_{S1}+P_{S2})/2=(1.565+1.615)/2=1.59$MPa (不含进水管损失)；

稳压泵流量 $1L/s\leqslant q\leqslant 4nV/\alpha=4\times15\times0.15/(1.0\sim1.3)=2.5\sim1.923L/s$，取 $q=2L/s$；

气压水罐有效贮水容积：P_1、P_2、P_{S1}、P_{S2}、V_s［稳压容积=150L］已知，根据波马定律可分别求出V_a［缓冲容积］=260L；V_x［贮水容积］=940L。

（2）以系统最不利点处水灭火设施的静水压力≥0.15MPa为基准计算：

① 图5.3.3-1计算如下：

压力开关处的最高工作压力值（P_2）≥0.15+压力开关位置与系统最不利点水灭火设施的标高差（ΔH）=0.15−0.044［由85.10−89.50计算所得］=0.106MPa；

稳压泵启动压力$P_{S1}=P_2+$（0.07～0.10）MPa=0.176～0.206MPa，取0.190MPa；

稳压泵停泵压力$P_{S2}=P_2+$（0.12～0.15）MPa=0.226～0.256MPa，取0.240MPa；

稳压泵扬程$H=(P_{S1}+P_{S2})/2=(0.190+0.240)/2=$0.215MPa；

稳压泵流量1L/s$\leqslant q\leqslant 4nV/\alpha=4\times15\times0.15/(1.0\sim1.3)=$2.5～1.923L/s，取$q$=2L/s；

气压水罐有效贮水容积：P_2、P_{S1}、P_{S2}、V_s［稳压容积=150L］已知，根据波马定律可分别求出V_a［缓冲容积］=570L。

② 图5.3.3-2计算如下：

压力开关处的最高工作压力值（P_2）≥0.15+压力开关位置与系统最不利点水灭火设施的标高差（ΔH）=0.15+0.886［由85.10+3.50计算所得］=1.036MPa；

稳压泵启动压力$P_{S1}=P_2+$（0.07～0.10）MPa=1.106～1.136MPa，取1.120MPa；

稳压泵停泵压力$P_{S2}=P_2+$（0.12～0.15）MPa=1.156～1.186MPa，取1.170MPa；

稳压泵扬程$H=(P_{S1}+P_{S2})/2-(0.895+0.035)=(1.120+1.170)/2-0.93=0.215$MPa［不计消防水箱至稳压泵进口段的管网水头损失］；

稳压泵流量 $1L/s \leqslant q \leqslant 4nV/\alpha = 4 \times 15 \times 0.15/(1.0 \sim 1.3) = 2.5 \sim 1.923L/s$，取 $q = 2L/s$；

气压水罐有效贮水容积：P_2、P_{S1}、P_{S2}、V_s［稳压容积=150L］已知，根据波马定律可分别求出 V_a［缓冲容积］=284.6L。

③ 图 5.3.3-3 计算如下：

压力开关处的最高工作压力值（P_2）≥0.15+压力开关位置与系统最不利点水灭火设施的标高差（ΔH）=0.15+0.886［由85.10+3.50计算所得］=1.036MPa；

稳压泵启动压力 $P_{S1} = P_2 +$（0.07～0.10）MPa=1.106～1.136MPa，取1.120MPa；

稳压泵停泵压力 $P_{S2} = P_2 +$（0.12～0.15）MPa=1.156～1.186MPa，取1.170MPa；

稳压泵扬程 $H = (P_{S1} + P_{S2})/2 = (1.120 + 1.170)/2 = 1.145$MPa（不含进水管损失）；

稳压泵流量 $1L/s \leqslant q \leqslant 4nV/\alpha = 4 \times 15 \times 0.15/(1.0 \sim 1.3) = 2.5 \sim 1.923L/s$，取 $q = 2L/s$；

气压水罐有效贮水容积：P_2、P_{S1}、P_{S2}、V_s［稳压容积=150L］已知，根据波马定律可分别求出 V_a［缓冲容积］=284.6L。

第6章 给水形式

6.1 条文综述

本章共计18条，其中强条2条。明确了消防给水形式、选用原则及保护范围，并对给水系统、高位消防水箱、转输水泵、转输水箱、减压阀组，减压水箱等设置条件和要求作出规定。

6.2 条文解读

【6.1.3】建筑物室外宜采用低压消防给水系统，当采用市政给水管网供水时，应符合下列规定：

1 应采用两路消防供水，除建筑高度超过54m的住宅外，室外消火栓设计流量小于等于20L/s时可采用一路消防供水；

2 室外消火栓应由市政给水管网直接供水。

解读：正确理解本条文，需明确以下问题：低压消防给水系统的方式、室外一路消防供水如何判断、室外消火栓供水方式。

（1）低压消防给水系统的方式见《栓规》条文2.1.4的解读；条文推荐室外消火栓优先采用低压系统，即在正常情况下按此执行；当建筑物所处地消防车无法到达或消防车会延误到达等因素时，可考虑临时高压或常高压系统。

（2）建筑高度小于等于54m的住宅、室外消火栓设计流量小于等于20L/s的其他建筑均可采用一路消防供水；关于室外消火栓满足一路消防供水的条件，可结合《栓规》条文4.3.1关于不设消防水池的要求以及《栓规》条文8.1.5关于室内消火栓满足一路消防供水的要求等相关条文来理解，三处的要求是一致的。

（3）消防车从低压给水管网上的室外消火栓取水有两种形式：

① 一种是将消防车泵的吸水管直接接在室外消火栓上吸水（这种吸水方式往往现场消防队采用比较多，而火灾时直接从市政抽水造成周边水压下降，在这种特殊情况下，民众也是可理解的）；

② 另一种是将室外消火栓接上水带往消防车水罐内注水，消防车泵从水罐内吸水加压，供应火场用水。这种取水方式，从水力条件来看最为不利，也有些情况，消防车不能接近消火栓，而需要采用这种方式供水，消防给水设计时应满足最不利情况取水方式的水压要求。通常，火场上一辆消防车占用一个室外消火栓，按一辆消防车出 2 支水枪，每支水枪的平均流量为 5L/s 计算，2 支水枪的出水量约为 10L/s。当流量为 10L/s、直径 65mm 的麻质水带（目前麻质水带有淘汰的趋势，一般选用内衬胶的水带，相应水头损失可减小）长度为 20m 时，其水头损失为 8.6m 水柱，室外消火栓与消防车水罐入口的标高差约为 1.5m，两者合计约为 10m 水柱。因此，最不利点消火栓的压力不应小于 0.1MPa。

【6.1.7】独立的室外临时高压消防给水系统宜采用稳压泵维持系统的充水和压力。

解读：应用本条文时注意以下两点：①本条推荐的是稳压泵稳压（指一般情况下建议采用该方式），但并不排斥其他方式的稳压；②维持系统的压力到底需要多大。

（1）室外临时高压消防给水目前做法主要有三种：

① 室外消防水泵＋稳压泵（见图 6.2-6.1.7-1）：平时由稳压泵维持管网充水和压力，火灾时压力下降至某值时启动室外消防水泵；该方式的缺点：当采用稳高压消防系统时，平时管网中一直处于高压状态，尤其对于高层建筑室外管网压力太大，

在室外易爆管。

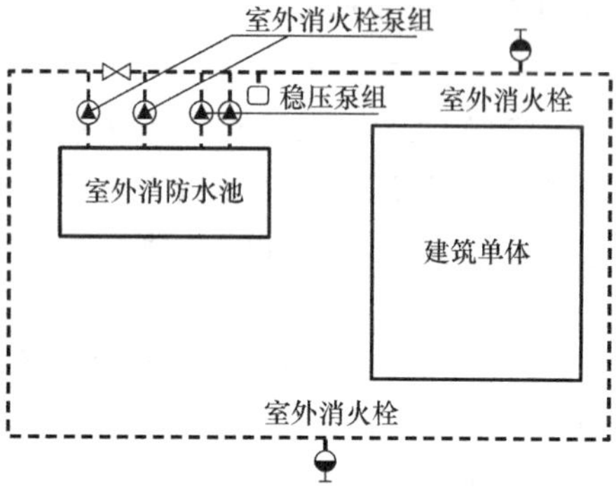

图 6.2-6.1.7-1 消防水泵和稳压泵稳压的临时高压给水系统

② 室外消防水泵＋市政给水管稳压（见图 6.2-6.1.7-2）：平时由市政水压维持管网充水和压力，火灾时由消控中心或室外消火栓处按钮启动室外消防水泵，该方式不能自动启动室外消防水泵（当然也可通过市政引入管处设流量开关来联动启动室外消防水泵），而且室外消火栓按钮维护和管理也不方便；利用市政给水管稳压有自备水源（48h 内不能更新）和市政水源直接相接的嫌疑。

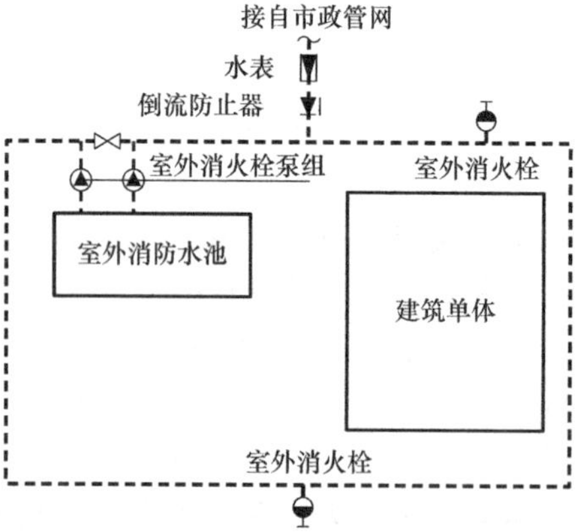

图 6.2-6.1.7-2 消防水泵和市政稳压的临时高压给水系统

③ 室外消防水泵＋屋顶消防水箱稳压（见图 6.2-6.1.7-3）：

平时由屋顶消防水箱维持管网充水和压力，火灾时通过管网上的流量开关控制室外消防水泵启动，该方式的争议是屋顶消防水箱是否要增大，笔者倾向不计容量。

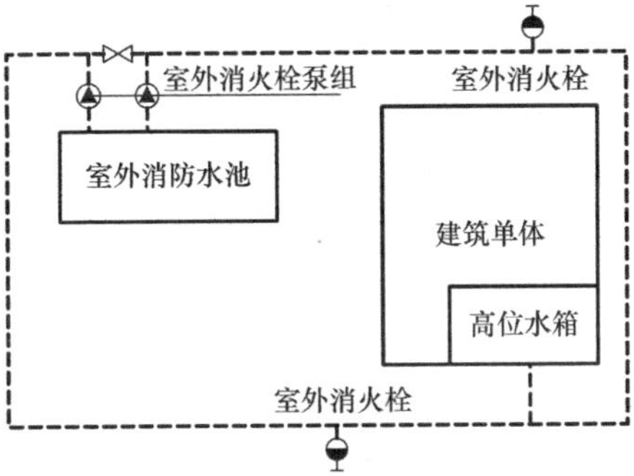

图 6.2-6.1.7-3　消防水泵和水箱稳压的临时高压给水系统

(2) 按《栓规》条文 2.1.3 对临时高压的定义，消防水泵必须能自动启动，即当设有稳压泵时，稳压泵须联动消防水泵启动，如无稳压泵，需其他的联动方式控制消防水泵启动，否则不符合临时高压的基本定义要求；稳压泵的设计压力应按《栓规》条文 5.3.3 第 2、3 款的要求计算确定，详见《栓规》条文 5.3.3 第 2、3 款解读。

【6.1.8】 室内应采用高压或临时高压消防给水系统，且不应与生产生活给水系统合用；但当自动喷水灭火系统局部应用系统和仅设有消防软管卷盘或轻便水龙的室内消防给水系统时，可与生产生活给水系统合用。

解读：本条对室内消防给水系统做出了规定。应用本条文时注意以下两点：①应采用高压系统或临时高压系统，不能采用低压给水系统；②不应与生产、生活给水系统合用，消防给水系统应独立设置，管网和供水设备均应分开。

自喷局部应用系统、仅设消防软管卷盘或轻便水龙的系统这两种情况例外，之所以例外，原因在于局部应用、软管卷盘系统流量小、压力要求不高，合用时一般只利用给水供水设施，在系统接入点起点处通过倒流防止器与生活供水系统分开，倒流防止器可使用减压型或低阻力型，不能使用双止回阀型，更不能使用止回阀来取代倒流防止器。

本条杜绝了室内消火栓系统和生活给水系统合用的可能，即便室内生活给水系统可以满足室内消防要求时，也不能直接从该管网上接出室内消火栓。

【6.1.9】 室内采用临时高压消防给水系统时，高位消防水箱的设置应符合下列规定：

1 高层民用建筑、总建筑面积大于 $10000m^2$ 且层数超过 2 层的公共建筑和其他重要建筑，必须设置高位消防水箱；

2 其他建筑应设置高位消防水箱，但当设置高位消防水箱确有困难，且采用安全可靠的消防给水形式时，可不设高位消防水箱，但应设稳压泵；

3 当市政供水管网的供水能力在满足生产、生活最大小时用水量后，仍能满足初期火灾所需的消防流量和压力时，市政直接供水可替代高位消防水箱。

解读：本条第 1 款为强制性条文，必须严格执行。

高位消防水箱的设计原则：①临时高压消防系统应设置；②高层民用建筑、重要建筑、公建（面积>1 万 m^2，层数>2 层）必须设置；③以下情况例外：$S>1w$，$F\leqslant 2$ 层或 $S\leqslant 1w$，H（建筑高度）$\leqslant 24$、确有困难的工业建筑和 27m 及以下的住宅，例外情况虽可不设置高位消防水箱，但需采用安全可靠的消防给水形式和稳压泵。

本条应用难点：①例外如何执行；②何为安全可靠的消防给水；③初期火灾的消防流量和压力如何确定。

关于难点①：条文第 1 款中“总建筑面积大于 $10000m^2$ 且层数超过 2 层的公共建筑”可理解为“总人数超过 500 人（每 $20m^2$ 计 1 人）且层数超过 2 层的公共建筑”的衍生；条文第 2

款中的“其他建筑”包含条文 6.1.10 中的情况（实际上条文 6.1.10 作为 6.1.9 第 2 款的备注会更加合理）。

关于难点②：一般认为市政两路不间断供水（流量和压力均满足）、两路市电或设有柴油发电机组的临时高压系统均可认为安全可靠的消防给水，系统无需再另设低位气压水罐用以满足 10min 消防贮水量。

关于难点③：初期火灾的消防流量可按室内消火栓流量不大于 10L/s，自动喷淋流量不大于 5L/s；消防水泵未启动前的消防压力可按《栓规》条文 5.2.2 的静水压力定。

【6.1.10】 当室内临时高压消防给水系统仅采用稳压泵稳压，且为室外消火栓设计流量大于 20L/s 的建筑和建筑高度大于 54m 的住宅时，消防水泵的供电或备用动力应符合下列要求：

1　消防水泵应按一级负荷要求供电，当不能满足一级负荷要求供电时应采用柴油发电机组作备用动力；

2　工业建筑备用泵宜采用柴油机消防水泵。

解读：本条为 6.1.9 条第 2 款的延续，规定了临时高压不设高位消防水箱的处理办法。

民用建筑可采用的办法：按照一级负荷供电或设柴油发电机组作备用动力。

工业建筑可采用的办法：按照一级负荷供电或设柴油发电机组作备用动力或消防备用泵采用柴油机水泵。

建筑高度大于 54m 的住宅应属高层民用建筑，与条文 6.1.9 第 1 款规定相冲突。

【6.1.11】 建筑群共用临时高压消防给水系统时，应符合下列规定：

……

2　居住小区消防供水的最大保护建筑面积不宜超过 $500000m^2$；

……

解读：限制居住小区消防供水的最大保护建筑面积是为了控制系统规模，减小管网的渗漏、增加系统的可靠性，避免出现两起火灾的争议。

【6.1.13】当建筑物高度超过100m时，室内消防给水系统应分析比较多种系统的可靠性，采用安全可靠的消防给水形式；当采用常高压消防给水系统时，但高位消防水池无法满足上部楼层所需的压力和流量时，上部楼层应采用临时高压消防给水系统，该系统的高位消防水箱的有效容积应按本规范第5.2.1条的规定根据该系统供水高度确定，且不应小于18m^3。

解读：本条文规定了超高层建筑室内消防给水系统的选用原则，应用本条文需先解决如下问题：①何为安全可靠的消防给水形式；②如何确定"该系统供水高度"；③高位消防水箱的有效容积的计算方式。

问题解决如下：

① 安全可靠的消防给水形式见《栓规》条文6.1.9解读。

② "该系统供水高度"按上部临时高压系统的最底层至屋面面层的高差为计算依据。

③ 高位消防水箱的有效容积按②计算高度假想为一栋建筑后，根据《栓规》条文5.2.1选择。

条文比对：

① 上海市标准《民用建筑水灭火系统设计规程》DGJ 08—94—2007和江苏省标准《民用建筑水消防系统设计规范》DGJ 32/J92—2009均有如下规定：当建筑高度低于或等于120m时，消防给水竖向分区宜采用减压阀、分区水泵、多出口泵等并联消防泵给水系统；当建筑高度大于120m时，消防给水竖向分区宜采用多台消防泵直接串联或设中间水箱转输的串联消防泵给水系统。

② 正在编制中的广东省标准《超高层建筑消防给水设计规范》规定：消防水泵轴线至最高用水点的垂直距离小于200m

时，采用一泵到顶分区减压；消防水泵轴线至最高用水点的垂直距离大于200m时，采用临时高压、常高压相结合，主灭火系统和辅助灭火系统相结合，即火灾延续时间内的消防用水量全部置顶，并设置辅助灭火水源（存储水量不小于$150m^3$），重力流不能满足的采用临时高压。

③ 上海和江苏均未对重力消防供水提出明确的设置条件要求；广东省标准明确提出优先采用一泵到顶，尽量避免中间转输环节，使系统和控制均简化。

应用难点：超高层建筑顶部如有观光厅、停机坪等需要设置室内消火栓保护的场所，而顶部的临时高压消防给水系统高位消防水箱又无条件设置时，该如何处理。笔者建议按《栓规》条文6.1.9相关条文扩展，高位消防水箱放置位置不得低于次最高三层处，且采用安全可靠的消防给水形式（见《栓规》条文6.1.9解读）、稳压泵的设计压力应能保持满足系统最不利点处水灭火设施所需的工作压力。

【6.2.1】 符合下列条件时，消防给水系统应分区供水：

1 系统工作压力大于2.40MPa；

2 消火栓栓口处静压大于1.0MPa；

3 自动水灭火系统报警阀处的工作压力大于1.60MPa或喷头处的工作压力大于1.20MPa。

解读：本条为消防给水系统分区原则和方式，应用本条文需解决如下问题：①何为"系统工作压力"；②消火栓栓口处静压不大于1.0MPa的目的；③何为"工作压力"。

问题解决如下：

① 由《栓规》条文8.2.3"高压和临时高压消防给水系统的系统工作压力应根据系统在供水时可能的最大运行压力确定，并应符合下列规定：1 高位消防水池、水塔供水的高压消防给水系统的系统工作压力，应为高位消防水池、水塔最大静压；2 市政给水管网直接供水的高压消防给水系统的系统工作压力，应

根据市政给水管网的工作压力确定；3 采用高位消防水箱稳压的临时高压消防给水系统的系统工作压力，应为消防水泵零流量时的压力与水泵吸水口最大静水压力之和；4 采用稳压泵稳压的临时高压消防给水系统的系统工作压力，应取消防水泵零流量时的压力、消防水泵吸水口最大静压二者之和与稳压泵维持系统压力时两者其中的较大值”得，“系统工作压力”为一个不确定值，是指系统可能达到的最大工作压力，而非消防水泵启动时在额定工况下的压力，管道的承压能力须按此最不利值考虑，即不得大于 2.40MPa（无缝管钢管出厂前对水管逐根进行水压试验，试验压力最高为 19MPa，故一般民用建筑管道的“系统工作压力”可按不大于 2.40MPa 取）。

② 消火栓进行水压密封试验时，各密封部位应连续 2min 承受 1.6MPa 压力（参见《室内消火栓》GB 3445）；消火栓栓口处静压按不大于 1.0MPa 分区的目的是控制在最不利因素下可能产生的工作压力（当消火栓栓口静压等于 1.0MPa 且屋顶水箱满足 7m 静压状况时，消防水泵的额定压力约为 1.20MPa）大于 1.20MPa，从而在零流量时，系统工作压力大于 1.60MPa，突破消火栓栓口耐压要求。

③“工作压力”是指消火栓栓口、报警阀、喷头等设施在额定工作状态下的承受压力，而非设施的承压能力。

【6.2.3】采用消防水泵串联分区供水时，宜采用消防水泵转输水箱串联供水方式，并应符合下列规定：

1 当采用消防水泵转输水箱串联时，转输水箱的有效储水容积不应小于 $60m^3$，转输水箱可作为高位消防水箱；

……

4 当采用消防水泵直接串联时，应校核系统供水压力，并应在串联消防水泵出水管上设置减压型倒流防止器。

解读：本条是串联分区的基本规定和部分处理措施。

（1）为何优选选用转输水箱串联：①水箱串联安全可靠，有大量工程实例为证；②水箱串联，管材要求低，水泵扬程基本稳定；③水箱有缓冲作用，控制系统简单有效，可靠性强；④水泵直接串联分区引起的超压问题现阶段无良好的技术措施来解决。

（2）转输水箱有效容积的确定：设置转输水箱的建筑一般为高层建筑，按照规范室内消火栓（40L/s）、自动喷淋（30L/s），其10min的用水量与屋顶水箱$18m^3$之和，即（40＋30）×0.6＋18＝$60m^3$，此计算方式是在原规范屋顶水箱最大不超过$18m^3$前提下所得；根据“不应小于”，笔者建议转输水箱有效容积按室内消防10min的用水量与屋顶水箱（根据《栓规》5.2.1条文规定取水箱容积）之和确定。

（3）消防水泵直接串联引起超压的原因：①火灾初期小流量运行，上下区消防水泵均存在超压现象，两者叠加后引起更严重的超压；②当止回阀不严密时，导致下区水泵回流压力大于其工作压力而超压。本条文第4款要求设减压型倒流防止器目的是防止出现第②种情况。

【6.2.4】 采用减压阀减压分区供水时应符合下列规定：

……

3 每一供水分区应设不少于两组减压阀组，每组减压阀组宜设置备用减压阀；

……

5 减压阀宜采用比例式减压阀，当超过1.20MPa时，宜采用先导式减压阀；

……

7 减压阀后应设置安全阀，安全阀的开启压力应能满足系统安全，且不应影响系统的供水安全性。

解读：本条为减压阀组的使用方法及选择方式，设计使用时须注意第3、5、7款。

每个供水分区宜设4套减压阀，为保证系统的安全可靠，不因减压阀的故障（减压阀属易损产品）而导致一路供水，故建议每组减压阀考虑备用减压阀，平时 4 个减压阀同时工作，特殊情况下至少保证不同处的 2 个减压阀同时工作。

根据《栓规》条文 5.4.6 解读，中低压水罐消防车中压工况供水保护高度可达 120m，故 1.20MPa 已接近单辆消防车直接供水的临界点。当供水压力小于 1.20MPa 时，单辆消防车可直接供水给高区或低区；当供水压力大于 1.20MPa 时，如采用比例式减压阀，消防车给水泵接合器供水时，即使用于低区火灾扑救，也需要两辆消防车串联供水才能满足其供水压力，明显不合理，故当超过 1.20MPa 时宜采用先导式减压阀。

减压阀后设置安全阀（布置方式见图 6.2-6.2.4-1 ~ 图 6.2-6.2.4-4），其目的是防止减压阀失效时，阀后压力超过管网或消防产品的水压试压压力。安全阀宜设在减压分区的系统最底部（如地下室集水坑附近，便于间接排水），且在安全阀之前设压力表和检修阀门，公称直径按不小于减压阀公称直径的 20%取，开启压力应高于静压时减压阀的出口压力（附加管网水头损失和减压阀动静压差值），以防在准工作状态处于开启状态。

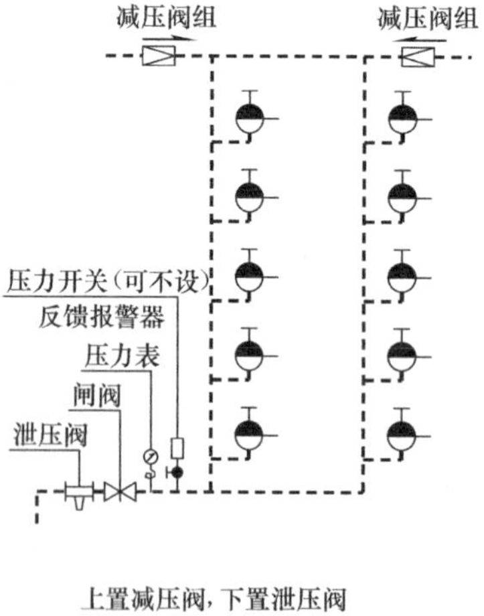

图 6.2-6.2.4-1 减压阀、泄压阀布置示意图一

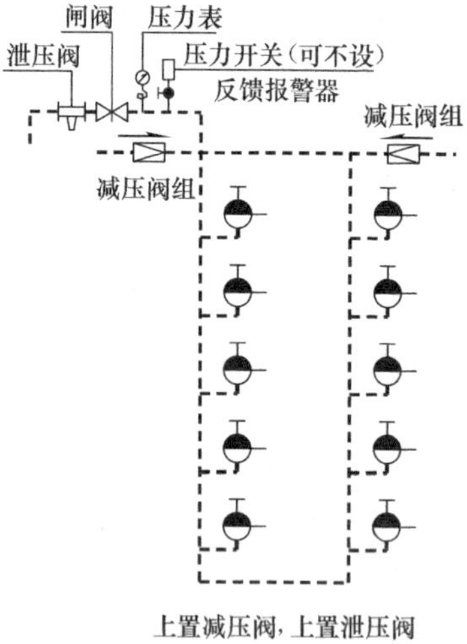

图 6.2-6.2.4-2 减压阀、泄压阀布置示意图二

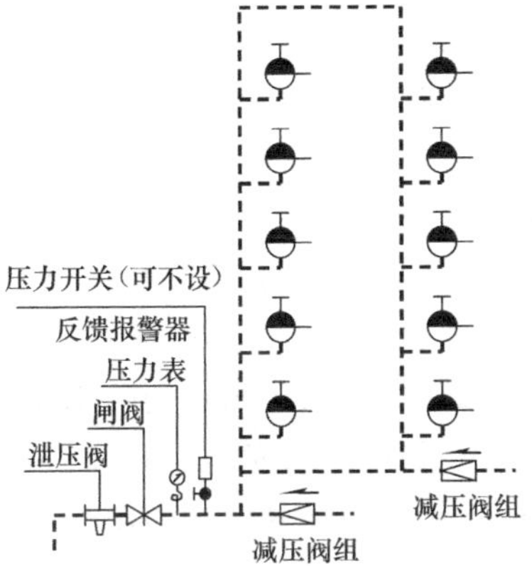

下置减压阀，下置泄压阀

图 6.2-6.2.4-3 减压阀、泄压阀布置示意图三

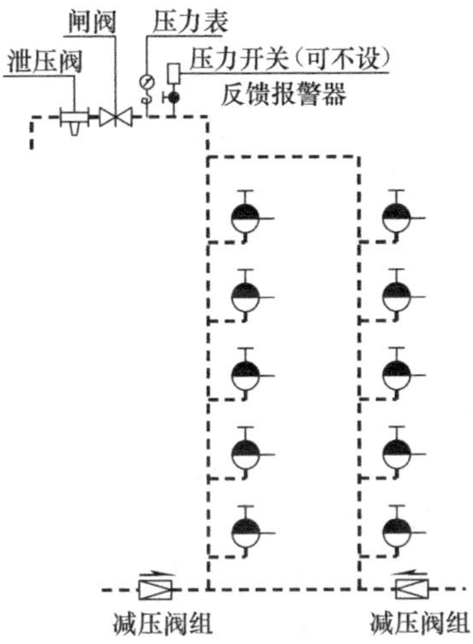

下置减压阀，上置泄压阀

图 6.2-6.2.4-4 减压阀、泄压阀布置示意图四

【6.2.5】采用减压水箱减压分区供水时应符合下列规定：

1 减压水箱有效容积、出水、排水、水位和设置场所，应符合本规范第 4.3.8 条、第 4.3.9 条、第 5.2.5 条和第 5.2.6 条第 2 款的规定；

2 减压水箱布置和通气管呼吸管等应符合本规范第 5.2.6 条第 3 款～第 11 款的有关规定；

3 减压水箱的有效容积不应小于 $18m^3$，且宜分为两格；

4 减压水箱应有两条进、出水管，且每条进、出水管应满足消防给水系统所需消防用水量的要求；

5 减压水箱进水管的水位控制应可靠，宜采用水位控制阀；

6 减压水箱进水管应设置防冲击和溢水的技术措施，并宜在进水管上设置紧急关闭阀门，溢流水宜回流到消防水池。

解读：本条第 1 款为强制性条文，必须严格执行。

本条是当采用减压水箱分区时，对主要分区设施减压水箱进行具体规定：①减压水箱既有高位消防水箱的作用又兼具消防水池的功能，高位消防水箱和消防水池的一切规定均应执行；②减压水箱有效容积 $18m^3$ 不宜固定，宜按有无合用（室内消火栓系统和自动喷淋系统）分别考虑，建议取 10min 消防流量，即每格按 5min 消防流量取；③减压水箱进水管应设置防冲击，以免过多空气被卷入水中，可考虑在进水管处设减压、消能措施。

除满足以上规定外，笔者认为还需考虑以下因素：①减压水箱的进水水源必须从上部水箱引来，不得从上部管网系统引来；②水位控制阀的开启情况消控中心须显示；③减压水箱的平时补水宜由生活给水提供；④当减压水箱兼作高位消防水箱，同时又作为下区转输减压水箱时，考虑跨分区临界层着火的可能性，水箱容积须叠加计算；减压水箱只兼作高位消防水箱时，可不叠加计算。

6.3 条文应用

6.3.1 问题解答

问 1：市政管网或高位消防水池能满足室内消火栓系统的高压消防给水要求，室外消火栓系统也可采用高压消防给水。

答：室外消火栓高压消防系统：需满足在建筑屋顶处为基准面的充实水柱（11.5m，即 5L/s）相对应的栓口压力（25.8m，含 180m 水带水头损失 7.8m）要求，即最不利室外消火栓处的给水压力不得低于 25.8m（考虑水带串接的泄漏，有条件时取 1.25 的系数）＋建筑高度＋管道埋深，见图 6.3.1-1 和图 6.3.1-2。

室内消火栓高压消防系统：需满足在建筑最不利栓为基准点的充实水柱（原规范要求 11.5m，即 5L/s；《栓规》要求 14.5m，即 5.8L/s）相对应的栓口压力（原规范要求 19m，消规要求 25m，均含 25m 水带水头损失 1.08m）要求，即消火栓引入管压力不得低于 19m 或 25m＋高差［最不利栓口至消火栓引入管之间高差]+管网水头损失，见图 6.3.1-3 和图 6.3.1-4。

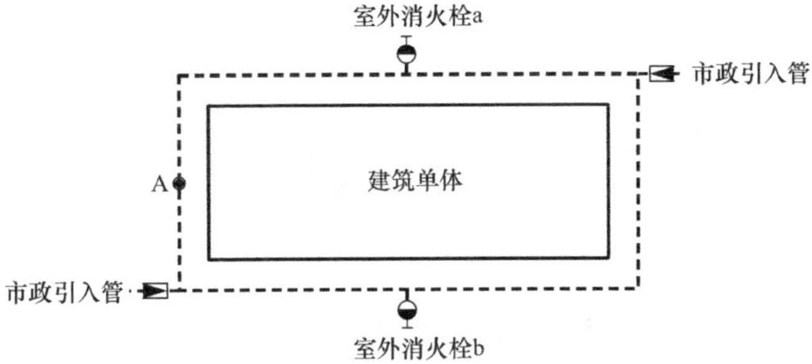

图 6.3.1-1　室外消火栓平面位置示意图

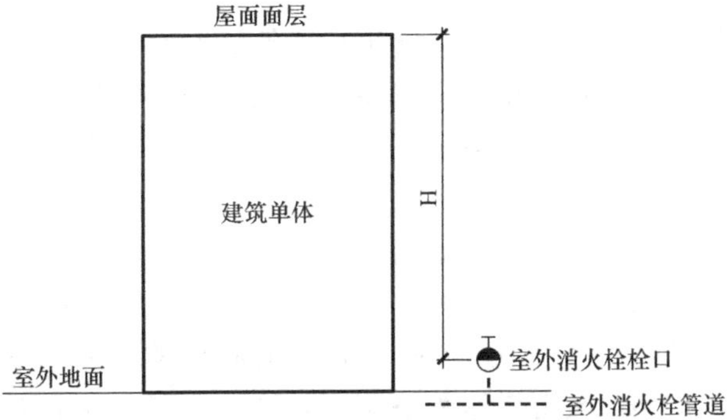

图 6.3.1-2　室外消火栓竖向位置示意图

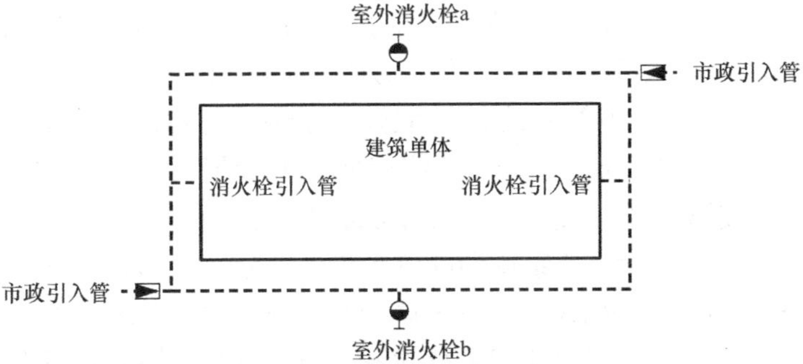

图 6.3.1-3　室内消火栓引入管位置示意图

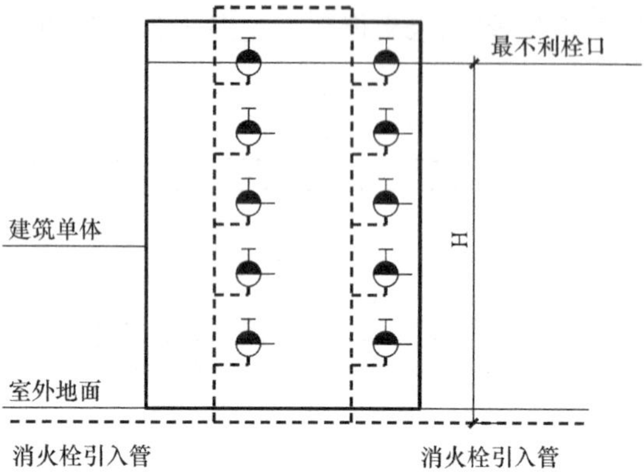

图 6.3.1-4 室内消火栓竖向位置示意图

由以上计算所知：有可能出现室外消火栓系统所需要的压力高于室内消火栓系统，所以能满足室内消火栓系统高压消防给水要求，不一定能满足室外消火栓系统高压消防给水要求，具体工程须经计算后方可确定。

问 2：高位消防水池未储存足够消防用水量，火灾时由消防供水系统向消防水池双路补水，储水量＋补水量能满足火灾延续时间内消防用水量，这种系统是否为高压消防给水系统。

答：严格意义上讲这种系统不是高压消防给水系统，但实际工作中都认可为高压消防给水系统。该系统虽然不是消防水泵直接加压，但高位消防水池不是始终保持满足消防所需要的储存量，火灾时需要启动消防补水泵补足其不足部分，该系统属于临时高压系统下的重力供水方式，非高压消防给水系统。

问 3：当市政管网或高位消防水池能够满足建筑物（群）消火栓系统压力和流量要求，不能满足喷淋系统压力和流量要求，消火栓系统能否单独采用高压消防给水系统。

答：能，消火栓系统和喷淋系统可以分为不同的消防给水系统，消火栓系统采用高压消防给水系统，喷淋系统采用临时高压给水系统，但须注意复核喷淋系统运行时的补水对消火栓系统压力和流量的影响。

问4：当市政管网或高位消防水池能够满足建筑群中某些建筑的消防系统压力要求，不能满足其他建筑的消防系统压力要求，该消防系统属于什么系统。

答：消防系统的供水方式仅针对某栋单体或某个业态的系统而言，“高”、“低”是相对的概念。同一系统，对于能够满足建筑消防系统压力要求的属于高压系统，对于不能够满足建筑消防系统压力要求的则属于低压系统。

问5：当市政管网能够满足商住楼低区（商业区域）消防给水系统所需要的压力和流量要求，不能满足高区（住宅区域）消防给水系统所需要的压力和流量要求，该建筑能否低区采用高压供水，高区采用临时高压供水。

答：可以，但须要求建筑专业商业区域和住宅区域疏散分开，相应建筑防火措施做到位。商业区域按商业建筑进行消防设计，住宅区域（商业部分的高度累加至住宅总高度内）按纯住宅建筑进行消防设计。

问6：排屋别墅建筑底层或半地下室设有单间汽车库，单幢楼内汽车数量超过5辆，是否设室内消火栓；由于排屋别墅无室内消火栓，是否要单独拉室内消火栓管道过去。

答：根据《汽车库、修车库、停车场设计防火规范》GB 50067第7.1.2条，当汽车数量超过5辆时，应设室内消火栓。是否设室内消火栓与汽车库是否单间分开无关，只看单栋建筑内汽车数量是否超过5辆。由于汽车库的室外消火栓设计流量不大于20L/s且单体内室内消火栓数量不超过10个，故汽车库的室内外消火栓管网均可采用枝状布置（当多栋别墅汽车库设有室内消火栓时，应环网供给）。当市政自来水管网水压能满足最不利室内消火栓充实水柱要求时，可直接从室外消火栓管网（市政引入管处须考虑防污隔断措施）上接出，但管网须环网布置；当室外消火栓采用临时高压或采用设有专用室外消火栓的低压制（充实水柱能满足汽车库的室内消火栓要求，对于汽车库来说也属于临时高压）时，排屋别墅汽车库的室内消火栓可从该室外消火栓管道上接出，同时管网须环网布置，建议该系统的稳压水源从小高层组团（如有）的屋顶消防水箱处引来。

问7：当市政消火栓完全满足建筑室外消防要求时，可否直接保护该建筑，不再另行设计建筑室外消火栓。

答：根据《栓规》条文6.1.5，市政为环网时可以，为枝状时只能按一个室外消火栓计入。

6.3.2 拓展思考

拓展思考部分重在交流、探讨，笔者结论仅供参考。

思考1：稳高压消防给水系统和临时高压消防给水系统的区别。

分析：根据临时高压的定义："平时不能满足水灭火设施所需的系统工作压力和流量"，即设有稳压泵的临时高压系统，稳压泵只需加压至始终维持最不利处消火栓的静压不小于主泵启动点时的静压（实际上为动压，由于流量小，水头损失可不计），即始终维持不小于7m、10m或15m就可，相当于补足高位消防水箱静压不足量。上海《民用建筑水灭火系统设计规程》DGJ 08—94—2007对稳高压消防给水系统的定义："消防给水管网中平时由稳压设施保持系统中最不利点的水压以满足灭火时的需要，系统中设有消防泵的消防给水系统。在灭火时，由压力联动装置启动消防泵，使管网中最不利点的水压和流量达到灭火的要求。"两者在准工作状态下的压力、稳压泵设置要求、系统控制要求等方面有着本质的区别。设计人员经常会把临时高压往稳高压系统要求上靠，比如提高稳压泵压力设计值、增加联动控制，致使两种系统混淆，认为稳高压就是设了稳压系统的临时高压。当然，在不增加造价的前提下提高设计标准、增加安全可靠性本身就没错，而且也是应该提倡的，但对于概念的理解又是另外一回事。北京观点认为稳高压系统属于临时高压系统的特殊工况，上海观点认为稳高压系统不同于临时高压系统，正因为存在意见不一致，《栓规》索性规避了稳高压的概念。

稳压高系统和临时高压系统的区别主要体现在以下几方面：

(1) 准工作状态下压力：稳高压消防给水系统能满足系统最不利点处水压要求；临时高压消防给水系统未对最不利点处水压提出要求，只需满足静压（7m、10m 或 15m）要求，《栓规》中甚至已经不再提及 30s 的概念。

(2) 稳压泵的设置要求：稳高压消防给水系统必须设置稳压泵，并且在任意一点，主泵未启动之前的压力均大于主泵运行时的压力；临时高压消防给水系统不一定设置稳压泵，只有当屋顶消防水箱不能满足相应静压要求时才需设置稳压泵，在任意一点，主泵未启动之前的压力（小流量时管网水头损失比大流量时要小得多）可小于主泵运行时的压力。

(3) 系统控制要求：稳高压消防给水系统必须采用压力开关信号联动消防主泵启动，压力开关一般设置在稳压罐出口处的下游；临时高压消防给水系统不一定必须采用压力开关联动，也可采用流量开关（一般设置在屋顶消防水箱稳压水管的下游或屋顶消防水箱稳压水管和稳压泵系统汇合管的下游）联动启动消防主泵。

思考 2：当采用稳压泵稳压的临时高压消防给水系统，且稳压泵和消防水泵联动控制点以不小于消防水泵额定工况值为标准，此时准工作状态的静水压力（按 1.0MPa 计）大于消火栓给水系统的工作压力，根据《栓规》条文 5.3.3 第 1 款估算其工作压力为 0.85MPa，这样消防系统分区的建筑高度约为 40m（栓口压力按 0.35MPa，水头损失按 0.10MPa 计），明显对设有压力联动系统的临时高压分区是不利的。消防系统分区是为避免设备、配件、管网长期在极限高压状态下，理应满足静水压力和工作压力的要求，根据系统设置的不同，静水压力和工作压力的大小也不同，《栓规》条文 6.2.1 第 2 款是将特定状况代替普遍状况，很不妥当。结合 6.2.1 解读，建议《栓规》条文 6.2.1 第 2 款修改为“临时高压系统，当静压大于工作压力，且消火栓栓口处静压大于 1.2MPa；临时高压系统，当静压小于工作压力，且消火栓栓口处工作压力大于1.2MPa；常高压系统，消火栓栓口处工作压力大于1.6MPa。"

6.3.3 计算举例

例1：某一类高层公建，建筑高度为88m，层高4m，地上22层，地下一层，屋顶消防水箱设置高度分别按图6.3.3-1和图6.3.3-2设置，该建筑消火栓系统是否需要分区。

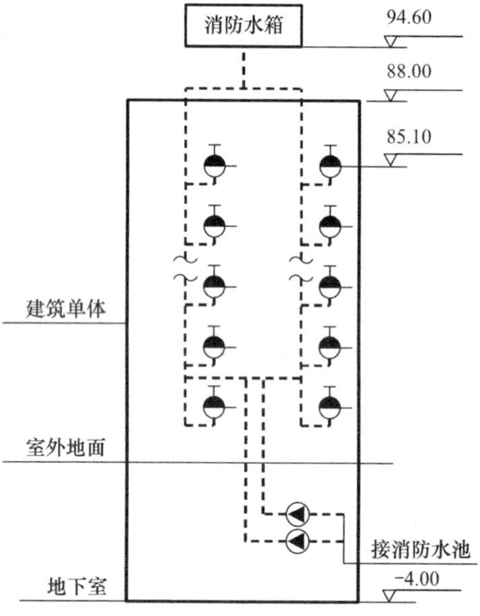

图6.3.3-1 屋顶消防水箱位置示意图一

根据5.3.3计算举例中的"图5.3.3-1计算结果"，采用图6.3.3-2设计方式的室内消火栓系统在准工作状态下栓口静压最大为地下室消火栓=52.5m[稳压泵停泵值]+89.50m[最低有效水位]+(4.00−1.10)m=144.9m=1.449MPa>1.00MPa或=24m [稳压泵停泵值]+89.50m[最低有效水位]+(4.00−1.10) m =116.4m=1.164MPa>1.00MPa，《栓规》条文6.2.1第2款，图6.4-1-2消火栓系统须分区；采用图6.3.3-1设计方式的室内消火栓系统在准工作状态下栓口静压最大为地下室消火栓=(94.60+0.50)m[消防水箱最高水位]+(4.00−1.10) m=98m=0.98MPa[《栓规》条文6.2.1第2条]，故图6.3.3-1消火栓系统可不分区。

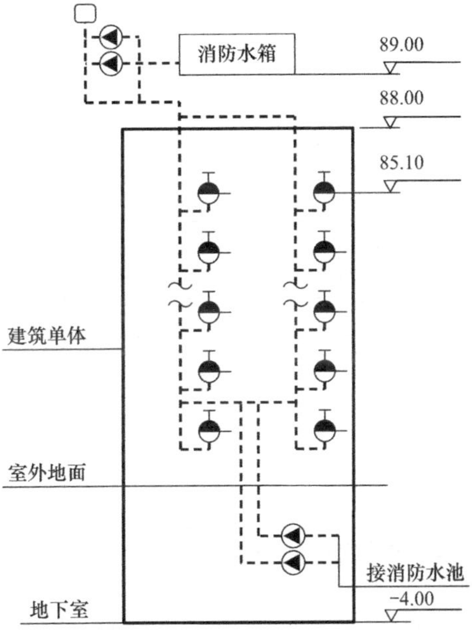

图6.3.3-2　屋顶消防水箱位置示意图二

6.3.4　项目实例（本项目在《栓规》执行之前设计）

（1）工程概况：某商住小区，用地总面积19.35hm²，东西长约750m，南北深约500m，总建筑面积约45万m²。由21栋17层单元式商住楼（建筑高度54.30m）、19栋7层住宅楼（建筑高度22.70m）、4栋商业楼（最高层为4层，建筑高度18.75m）以及辅助用房、地下车库等建筑组成。

（2）市政条件：消防水源为城市自来水，一路进水，市政供水压力为0.25MPa。

（3）消防用水标准、一次消防用水量详见表6.3.4-1：

消防用水标准、一次消防用水量　　表6.3.4-1

序号	建筑性质	系统名称	用水量标准（L/s）	火灾延续时间（h）	一次消防用水量（m）	备注
1	商住楼（大于50m）	室外消火栓系统	30	2	216	
		室内消火栓系统	40	2	288	
		自动喷水系统	21	1	75.6	中危1级 1-2F设置
2	商业（小于24m）	室外消火栓系统	20	2	144	
		室内消火栓系统	15	2	108	
		自动喷水系统	28	1	100.8	中危2级
3	地下车库（1类）	室外消火栓系统	20	2	144	
		室内消火栓系统	10	2	72	
		自动喷水系统	28	1	100.8	中危2级
4	同时使用的消防系统最大用水量之和				579.6	按商住楼计

备注：按《栓规》，建筑高度54.30m的商住楼、商业建筑等的室内外消火栓设计流量增大。

（4）设计方案

1）示例项目需要设置30个高位水箱，在建筑组团17层商住楼适当单元最高层楼梯间上部（详见图6.3.4-1）设置34个高位消防水箱，储存水量34×19.9（每个水箱有效容积取19.9m^3）=676.6（m^3）；之所以多选4个主要考虑下述因素：①消防水箱轮流清洗，由于水箱为高位水箱，清洗水可用作绿化及地面冲洗水源，以减少水量浪费；②选择其中一个消防水箱作为临时高压消防系统的高位消防水箱，并配置室内消火栓稳压设施，在地下室设置商住楼临时高压（住宅区域）室内消火栓增压泵组（2台，1用1备）。

2）商住楼低区（商业区域）、商业楼和地下室的室内消火栓系统、自动喷淋系统均为（常）高压系统，系统水源压力整体稳定在0.56MPa左右；商住楼高区（消防设计按纯住宅）室内消火栓由设置在地下室的消火栓泵组从（常）高压消防环网上叠压供给，与高位消防水箱及消火栓稳压设施形成临时高压系统。商住楼低区、商业楼、多层住宅楼、辅助用房和地下室的室外消火栓系统为（常）高压系统；商住楼高区的室外消火栓系统则满足低压给水系统的要求，栓口处的水压从室外设计地面算起不小于0.10MPa。分散式高位消防水箱系统简图见图6.3.4-2。

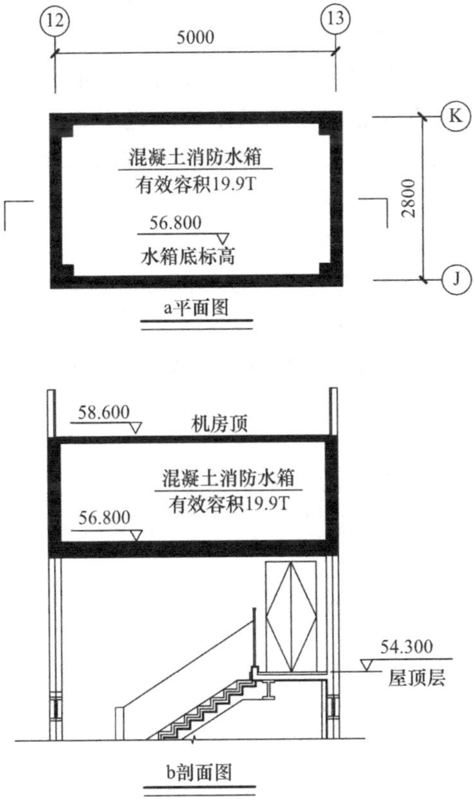

图6.3.4-1　高位消防水箱布置方式图

3）如按现阶段执行的《栓规》，此项目实施会遇到如下困难：

①《栓规》条文7.4.12将高层建筑的室内消火栓栓口压力提高到0.35MPa，多层的商业楼、地下室的室内消火栓栓口压力提高到0.25MPa，导致商业区无法形成高压系统（顶层可能栓口压力略微不足）；

② 商住楼低区（商业部分）的室内消火栓栓口压力是按0.35MPa还是按0.25MPa取值；

③ 向高位消防水池供水的给水管不应少于两条，虽然本案中高位消防水池分散设置，有多根供给消防水池的给水管，但众多给水管均由同一路的生活给水管引来，且生活泵的安全负荷等级远不如消防泵，显然不符合《栓规》要求；

④《栓规》要求消防水池进水管的管径不小于*DN*100，本案中，向每个消防水池补水的给水管均远小于*DN*100，且生活变频泵的给水秒流量并未按生活秒流量和所有消防补水管流量累加，但笔者认为，此情况可通过增加消防水箱的个数来解决二次火灾或火灾灭火量超过设计量的情况；

⑤ 住宅区域不能使用双阀双出口室内消火栓，须设置两套单立管单栓。

⑥《栓规》的消防用水量标准比老规范提高不少，需增加高位水箱个数。

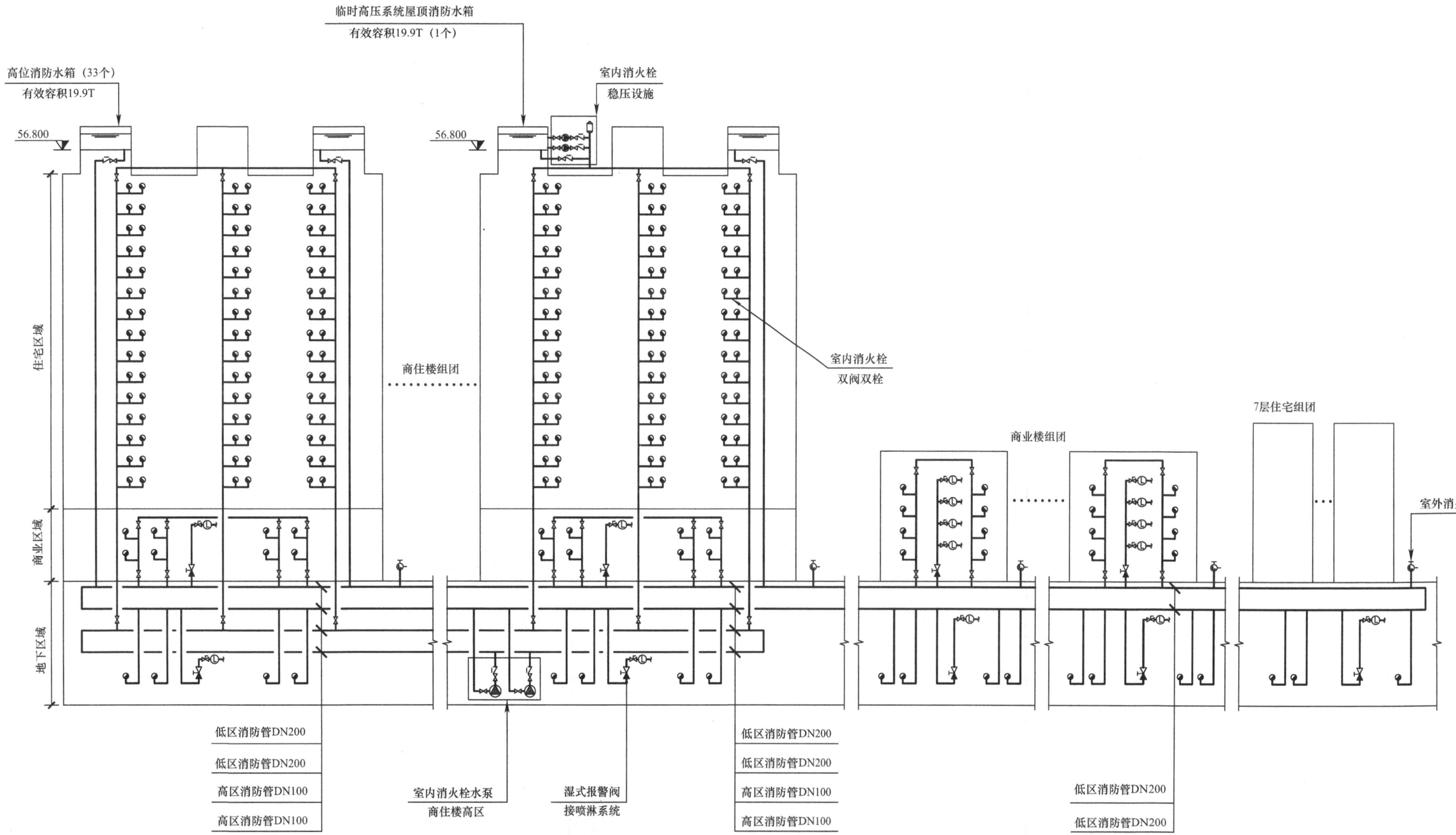

图 6.3.4-2　分散式高位消防水箱系统简图

第7章 消火栓系统

7.1 条文综述

本章共计43条，其中强条4条。明确了消火栓系统的选用原则，并对消火栓设置位置、保护距离、栓口大小、出流量、出水压力、充实水柱等作出规定。

7.2 条文解读

【7.1.4】 建筑高度不大于27m的多层住宅建筑设置室内湿式消火栓系统确有困难时，可设置干式消防竖管。

【7.4.13】 建筑高度不大于27m的住宅，当设置消火栓时，可采用干式消防竖管，并应符合下列规定：

1 干式消防竖管宜设置在楼梯间休息平台，且仅应配置消火栓栓口；

2 干式消防竖管应设置消防车供水接口；

3 消防车供水接口应设置在首层便于消防车接近和安全的地点；

4 竖管顶端应设置自动排气阀。

解读：本条文明确了干式消防竖管的使用范围和使用原则。执行难点及解决方式如下：

（1）干式消防竖管：规范无相关术语，一般指消火栓竖管在准工作状态时不充水，仅在使用时由消防车向竖管供水；

（2）干式消防系统：规范无相关术语，一般指消火栓管道在准工作状态时不充水，仅在使用时充满水，从形式上可以认为干式消防竖管属于干式消防系统的一种类型；

（3）建筑高度：《高层民用建筑设计防火规范》GB 50045和《建筑设计防火规范》GB 50016合并版（报批稿）中对于建筑高度的计算方法为“当为平屋面（包括有女儿墙的平屋面）时，应为建筑物室外设计地面到其屋面面层的高度”。《栓规》的本意还是按原有《建筑设计防火规范》GB 50016和《高层民用建筑设计防火规范》GB 50045的分界线（9层及以下住宅在困难时可采用干式消防竖管），注意复核9层的住宅从室外设计地面至平屋顶面层的高度；

（4）如何理解“确有困难”：笔者认为，一般指室内环境温度低于4℃或高于70℃的场所或是改扩建项目。

【7.1.6】干式消火栓系统的充水时间不应大于5min，并应符合下列规定：

1 在供水干管上宜设干式报警阀、雨淋阀或电磁阀、电动阀等快速启闭装置；当采用电动阀时开启时间不应超过30s；

2 当采用雨淋阀、电磁阀和电动阀时，在消火栓箱处应设置直接开启快速启闭装置的手动按钮；

3 在系统管道的最高处应设置快速排气阀。

解读：理解本条文，首先要明确充水时间的意义，对干式消火栓系统充水时间的要求，实际上是对系统管网规模和系统排气能力提出要求。

（1）根据充水时间和管道充水速度确定系统规模：如管道充水速度取值1.5m/s，干式消火栓系统干管起点至最不利点处的管道长度不应大于400m。

（2）根据系统规模选择不同排气能力的排气阀：干式消火栓系统应设快速排气阀，干式消防竖管可设自动排气阀，一般排气阀的公称直径可按主管公称直径的1/8取值。

条文比对：辽宁省《建筑消防安全技术规范》条文5.2“高层民用建筑应设置应急干式消防供水系统并应符合下列规定：①在施工过程中应根据工程进度同步安装干式消防供水系统，

并与在建最高楼层差距不应大于 3 层；②应设置消防水枪、消防水带和消火栓接口；③应与建筑原有室内消火栓系统分开独立设置；④在建筑底部墙面上应设消防水泵接合器接口并应有醒目的永久性标志。”

干式消防系统布置方式：

（1）消防主干管湿式，单元消防竖管干式：消防主管采用湿式系统，敷设在采暖楼层或室外冰冻线以下，主管连接竖管处采用快速启闭装置（建议另并列设置手动闸阀以防快速启闭装置无法开启），底部设置 *DN*15 放空管。火灾时由人工开启闸阀或由消火栓栓口处的消防按钮联动开启快速启闭装置，该系统可不必在每个单元处设置消防车供水接口，但仍需在消防主干管上设水泵接合器。详见图 7.2-7.1.6-1。

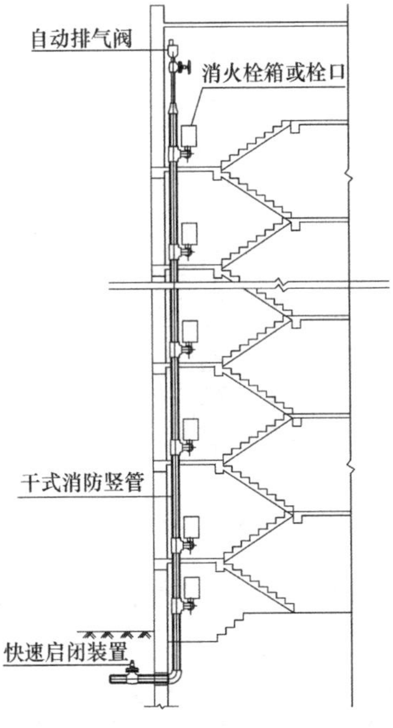

图 7.2-7.1.6-1　单元干式消防竖管示意图一

（2）无消防主干管，仅设单元干式消防竖管：当无消防主管时，干式消防竖管可直接与水泵接合器相连，可不设止回阀和闸阀（无需担心管网中的水从水泵接合器回流），考虑到消防车给水泵接合器加压时，可能会超过消防管网系统的耐压能力而引起爆管，故仍需保留安全阀，详见图 7.2-7.1.6-2。快速启闭装置和水泵接合器不应设在玻璃幕墙或窗口正下方的附近，远离建筑外墙 5m 以上。

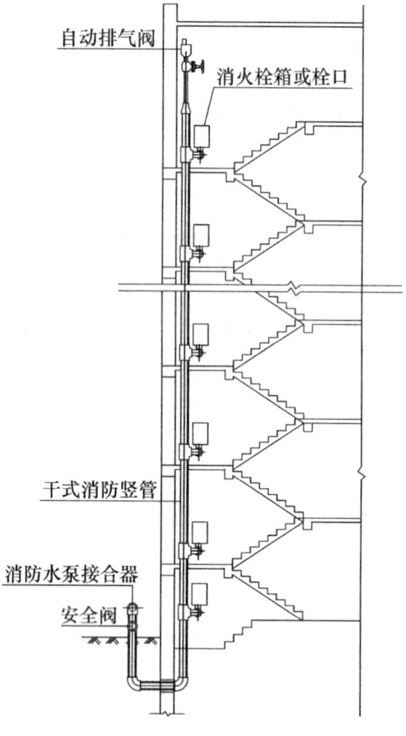

图 7.2-7.1.6-2　单元干式消防竖管示意图二

【7.2.8】当市政给水管网设有市政消火栓时，其平时运行工作压力不应小于 0.14MPa，火灾时水力最不利市政消火栓的出流

量不应小于15L/s，且供水压力从地面算起不应小于0.10MPa。

【7.3.10】 室外消防给水引入管当设有倒流防止器，且火灾时因其水头损失导致室外消火栓不能满足本规范第7.2.8条的要求时，应在该倒流防止器前设置一个室外消火栓。

解读：两条均为强制性条文，必须严格执行。

执行难点有如下四点：①平时管网工作压力如何计算；②火灾时管网工作压力如何计算；③“火灾时因其水头损失”的含义；④条文7.3.10满足条文7.2.8何要求。

(1) 平时给水管流量按生活、生产用水量最大时取（淋浴按其最大用水量时的15%计，道路、浇洒水景补水量可不计算，有别于给水工程计算的最大时设计流量），并根据管路水头损失和倒流防止器水头损失计算最不利室外消火栓处的水压值；

(2) 火灾时给水管流量按生活、生产用水量最大小时+消防设计流量（或消防水池补水流量）取，并根据管路水头损失和倒流防止器水头损失计算最不利室外消火栓处的水压值；

(3) “火灾时因其水头损失”是指仅仅由于倒流防止器水头损失而导致最不利室外消火栓供水压力从地面算起小于0.10MPa的情况，而非指水力计算（倒流防止器、管网等因素）所得最不利室外消火栓供水压力从地面算起小于0.10MPa的情况；

(4) 条文7.3.10中“满足本规范第7.2.8条的要求”是指室外消火栓火灾时水力最不利室外消火栓供水压力从地面算起不应小于0.10MPa，而非指市政消火栓满足以上要求。

室外消防给水引入管上的倒流防止器可采用低阻力型，其局部水头损失2.5～4m，小流量时的最低水头损失为2m，具体水头损失详见图7.2-7.3.10-1和图7.2-7.3.10-2，同时还需要复核出水流量在150%额定消防设计流量时（此时生活用水建议按平均时取值），最不利室外消火栓处，从地面算起，其供水压力是否小于0.10MPa。

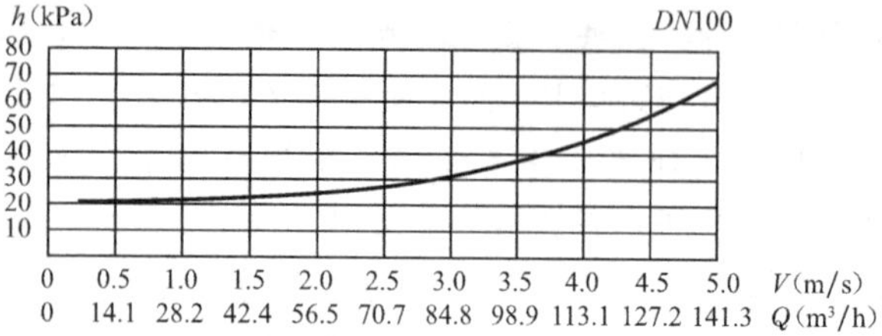

图 7.2-7.3.10-1　LHS743X 型 *DN*100 低阻力倒流防止器水头损失

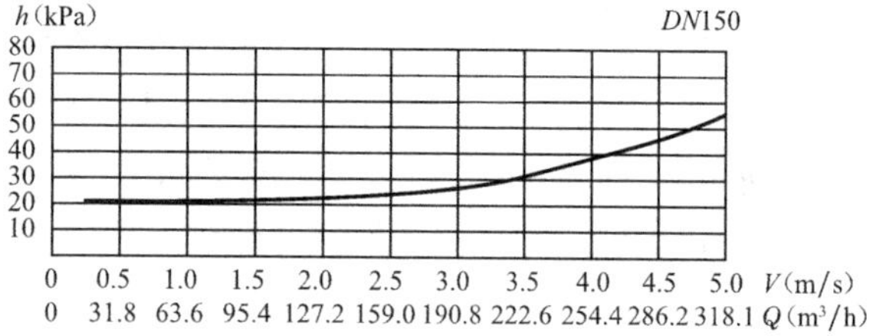

图 7.2-7.3.10-2　LHS743X 型 *DN*150 低阻力倒流防止器水头损失

条文 7.3.10 是为火灾时，基地内室外消火栓无法满足车载或手抬移动泵等设施取水所需要的压力，此时消防罐式车可通过倒流防止器前的室外消火栓远距离送水来保证灭火所需要的水量。

LHS743X 型低阻力倒流防止器水头损失图（参照 12S108-1/47），如图 7.2-7.3.10-1～图 7.2-7.3.10-3 所示：

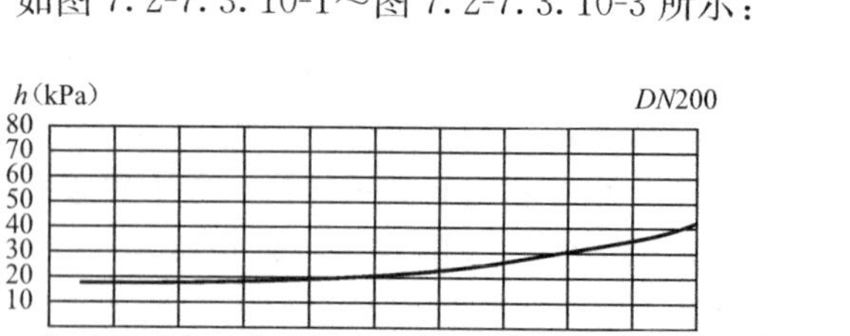

图 7.2-7.3.10-3　LHS743X 型 *DN*200 低阻力倒流防止器水头损失

LHS745X 型低阻力倒流防止器水头损失图（参照 12S108-1/

48)，如图 7.2-7.3.10-4～图 7.2-7.3.10-6 所示：

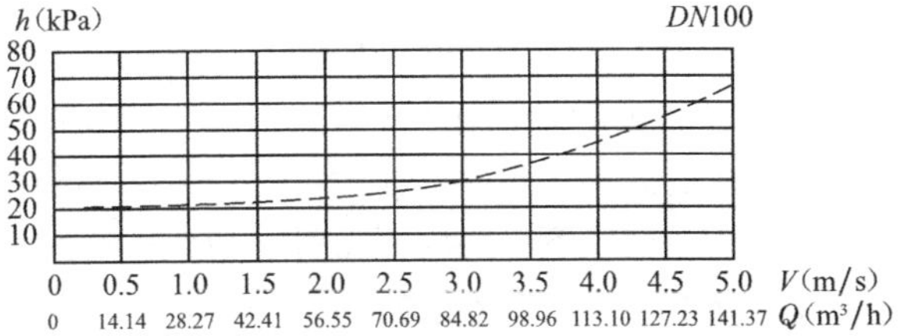

图 7.2-7.3.10-4　LHS745X 型 DN100 低阻力倒流防止器水头损失

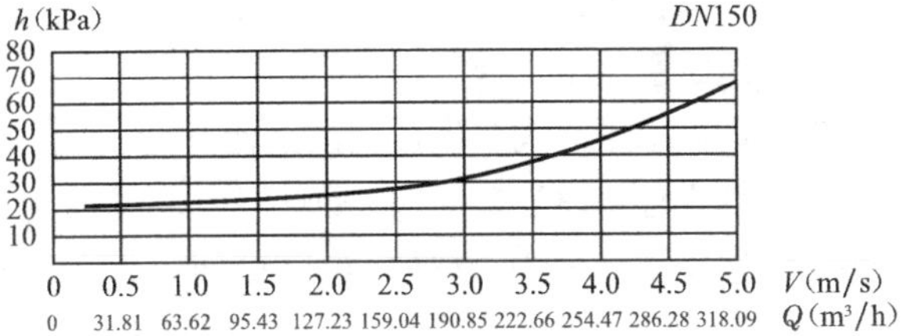

图 7.2-7.3.10-5　LHS745X 型 DN150 低阻力倒流防止器水头损失

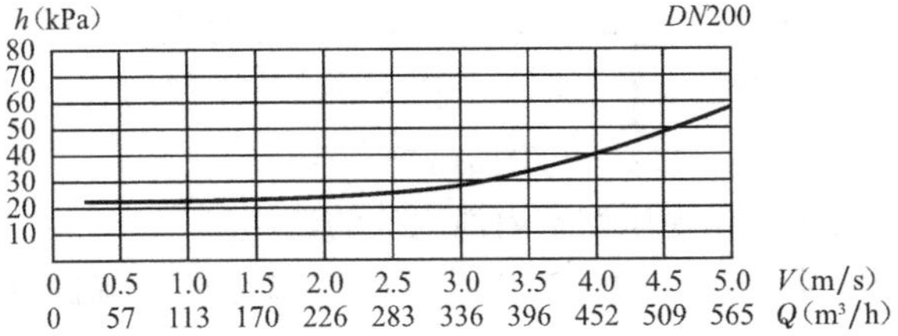

图 7.2-7.3.10-6　LHS745X 型 DN200 低阻力倒流防止器水头损失

【7.4.1】 室内消火栓的选型应根据使用者、火灾危险性、火灾类型和不同灭火功能等因素综合确定。

解读：本条为概念性条文，未针对具体情况提出明确要求。目前室内消火栓有以下几种形式：单阀单出口室内消火栓、双阀双出口室内消火栓、减压稳压型室内消火栓、可调式无后坐力多功能消防水枪等。

本条有以下应用难点：

（1）关于双阀双出口室内消火栓的选用

《高层民用建筑设计防火规范》GB 50045 条文 7.4.2 中规定："以下情况，当设两根消防竖管有困难时，可设一根竖管，但必须采用双阀双出口型消火栓。1. 十八层及十八层以下的单元式住宅；2. 十八层及十八层以下、每层不超过 8 户、建筑面积不超过 650m^2 的塔式住宅。"；《建筑设计防火规范》GB 50016 条文 8.4.3.1 中规定："单元式、塔式住宅的消火栓宜设置在楼梯间的首层和各层楼层休息平台上，当设 2 根消防竖管确有困难时，可设 1 根消防竖管，但必须采用双口双阀型消火栓"；《给水排水设计手册第 2 册建筑给水排水》规定："通廊式住宅的端头，设置两根竖管有困难时，可采用双阀双出口型消火栓"；上海市《民用建筑水灭火系统设计规程》DGJ 08—94—2007 7.2.9 中规定："条状建筑的尽端可设置单立管连接的双阀双口型消火栓"。目前《栓规》执行原则是与国际接轨，实际上是向 NFPA 标准（NFPA14 要求将消火栓优先设在前室、楼梯间的安全区域）靠拢，该标准上未见双阀双出口消火栓的相关要求，而采用的方式是提高栓口压力，考虑水带串接来扩大保护范围。理念的改变使得原来所谓的困难不再是困难，故《栓规》中不再提关于双阀双出口消火栓的相关内容，实际上是不再提倡这种方式。

（2）关于减压稳压型室内消火栓的选用

在消防系统设计中，减压孔板的选择需要精确的计算，而减压稳压消火栓是消火栓和减压装置的合成体，不需人工调试，栓前进水压力保持在 0.4～1.6MPa 的范围内，栓后出口压力就会保持在 0.3±0.05MPa 的范围内（详见减压稳压型消火栓压力特性曲线图 7.2-7.4.1-1），且消火栓栓口的出流量不小于 5L/s，因其能在相对复杂的水力条件下稳定工作，在实际项目中越来越多地被广大设计人员所选用。根据《栓规》条文 7.4.12 "高层建筑、厂房、库房和室内净空高度超过 8m 的民用建筑等场所，消火栓栓口压力不应小于 0.35MPa"，那么以上这些场合不适合再选用减压稳压消火栓，只能改用减压稳压阀、减压孔板等方式减压。

减压稳压型消火栓压力特性曲线见图 7.2-7.4.1-1（参照 04S202/35）。

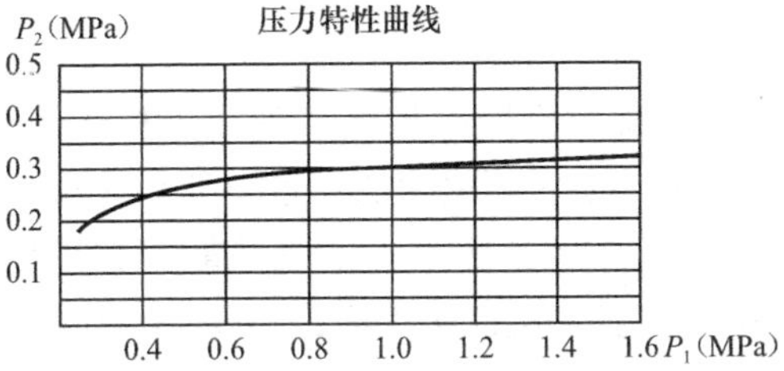

7.2-7.4.1-1　减压稳压型消火栓压力特性曲线

（3）关于可调式无后座力多功能消防水枪的选用

按水枪倾角 45°计算时，消火栓栓口动压力 0.50MPa 对应的保护高度为 16m，0.70MPa 对应的保护高度为 18m。可调式无后座力多功能消防水枪，适用于工作压力≥0.5MPa 且未采取减压措施的消防给水系统，如大空间中庭等场所。

【7.4.3】 设置室内消火栓的建筑，包括设备层在内的各层均应设置消火栓。

解读：本条为强制性条文，必须严格执行。本条是对《高层民用建筑设计防火规范》GB 50045 条文 7.4.6 “除无可燃的设备层外，高层建筑和裙房的各层均应设室内消火栓…” 要求的加强，设备层有无可燃物已不再作为消火栓设置的判定依据。

【7.4.5】 消防电梯前室应设置室内消火栓，并应计入消火栓使用数量。

【7.4.7】 建筑室内消火栓的设置位置应满足火灾扑救要求，并应符合下列规定：

1 室内消火栓应设置在楼梯间及其休息平台和前室、走道等明显易于取用，以及便于火灾扑救的位置；

……

3 汽车库内消火栓的设置不应影响汽车的通行和车位的设置，并应确保消火栓的开启；

……

解读：条文明确了消防电梯前室的消火栓可按有效灭火水枪计入在内，同时规定了消火栓的布置原则和优先位置选择。

条文7.4.5及条文7.4.7第1款与《高层民用建筑设计防火规范》GB 50045、《建筑设计防火规范》GB 50016要求的消防电梯前室、防烟楼梯间及其前室消火栓不计在内或不应设有消火栓的要求相左，那么是否考虑暖通向这些区域加强正压送风（是否需要向暖通提资），有待规范组明确。《高层民用建筑设计防火规范》GB 50045和《建筑设计防火规范》GB 50016考虑前室由于正压送风的需要，如使用该消火栓用于楼层扑救，势必会引起烟气向楼层蔓延，影响其他楼层的人员疏散。在实际灭火过程中，消防队员使用前室消火栓开路后，在火场危急时刻不太可能拉回前室，再打开其他消火栓继续灭火，这样前室的正压送风在灭火时被破坏的可能性非常大，与其灭火时被破坏，还不如设计时考虑前室消火栓兼用，通过其他手段来补充前室的正压破坏。

随着经济的发展，传统的以消火栓为主的灭火方式逐步转变为以自动喷淋灭火系统为主的灭火方式，消火栓两股水柱的概念在弱化，当设有自动喷淋时，往往采用一股水柱就可完成灭火。《栓规》中关于消防软管卷盘的使用范围扩大，意味着更加注重火灾初期非消防专业人员的灭火，这与NFPA14的精神一致，故实际在取用楼梯间或前室消火栓灭火时，并不是“雪中送炭”，而是“锦上添花”。我们可以理解为消火栓不再是火灾初期灭火的主力，当消防专业人员使用消火栓时，楼内该疏散的人员均已疏散，还未疏散的已无法自我疏散，从这个意义上来说，当使用楼梯内消火栓时，已无需考虑楼梯间内的防火甚至防烟问题。

美国国家防火协会NFPA14《消防立管及软管系统安装标准》将消火栓立管系统等级分为：Ⅰ级立管系统（提供65mm的水带接口用于消防部门和经培训的人员使用大射流的供水）、Ⅱ级立管系统（提供40mm的消火栓箱为经培训人员或消防部门提供水）、Ⅲ级立管系统（提供40mm的消火栓箱为经培训人员提供用水和65mm的水带接口为消防部门和经培训的人员提供大射流）。Ⅰ级系统的水带接口应位于楼梯间，Ⅱ级系统的水带接口应位于通道或邻近楼梯间的空间且穿过墙连接到立管上，Ⅲ级系统的65mm水带接口（40mm水带接口的位置无要求）应位于楼梯间。水带接口指定位于楼层间中间平台上以避免门口处的拥堵，若楼层间存在多个中间平台，水带接口应位于最靠近楼层间中间位置的平台上，消防部门使用着火楼层下面的水带接口时，水带接口在中间平台可缩短水带铺开的长度。NFPA14认为只有设在楼梯间或前室内的消火栓栓口以及相应立管才是可以保证的，才是消防部门专用的水带接口，通道内或楼梯间外部的栓口是非消防部门使用的栓口。其相对于出口位置安放水带接口的方法见图7.2-7.4.7-1、图7.2-7.4.7-2、图7.2-7.4.7-3。

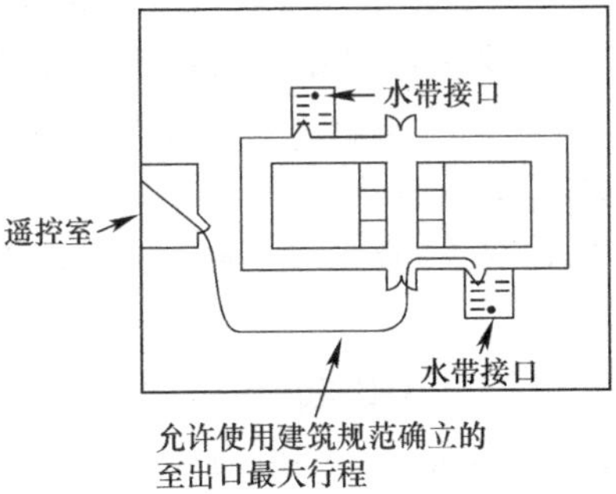

图7.2-7.4.7-1 水带接口位置示意图一

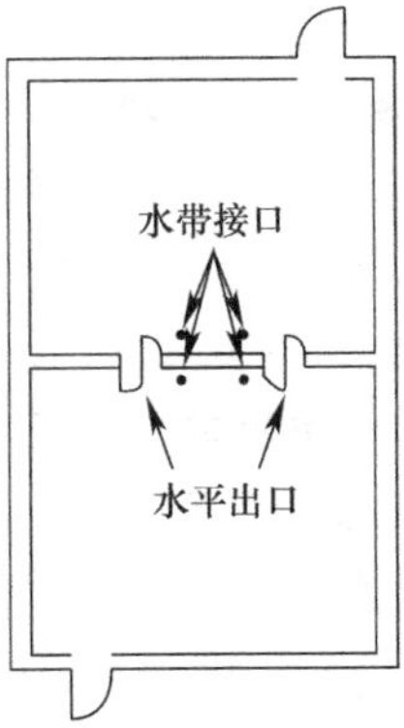

图7.2-7.4.7-2 水带接口位置示意图二

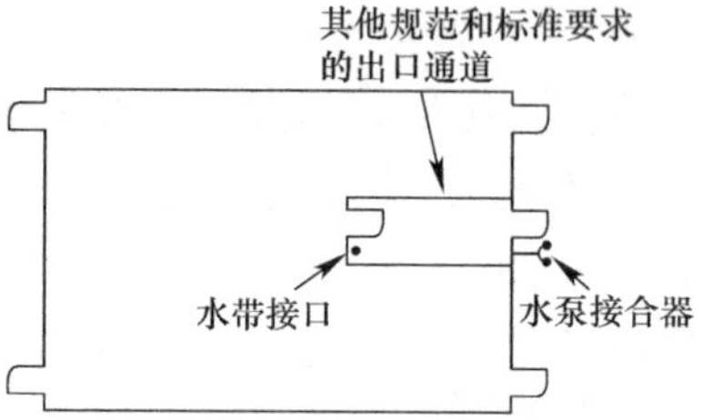

图 7.2-7.4.7-3　水带接口位置示意图三

关于条文 7.4.7 第 3 款，地下室汽车库消火栓箱的设置往往有以下两种方式：①消火栓箱正面贴柱子：在柱子较小时，会影响车位净宽，如加上立管和横支管，空间就更局促，可能会影响车行道通行宽度要求；②消火栓箱侧面贴柱子：往往不能满足消火栓箱前 1m 要求（对于车库个人觉得可放宽）、消火栓箱门的开启角度要求不能满足、机械式停车库时不能放置。两者方式均有优势和不足，设计时按具体情况分析取舍。根据消火栓箱的安装要求，消火栓箱门的开启角度不得小于 120°，当地下车库内的柱子宽度达到 600mm 时，基本能满足此要求（当消火栓箱门开启 120°时，箱前空间需 600mm，按消火栓箱厚度 200mm，车位停车空间预留 200mm）。

【7.4.6】 室内消火栓的布置应满足同一平面有 2 支消防水枪的 2 股充实水柱同时达到任何部位的要求，但建筑高度小于或等于 24.0m 且体积小于或等于 5000m^3 的多层仓库、建筑高度小于或等于 54m 且每单元设置一部疏散楼梯的住宅，以及本规范表 3.5.2 中规定可采用 1 支消防水枪的场所，可采用 1 支消防水枪的 1 股充实水柱到达室内任何部位。

解读：按《建筑设计防火规范》GB 50016 条文 8.4.3.7："室内消火栓的布置应保证每一个防火分区同层有两支水枪的充实水柱同时到达任何部位。"但本条文中："室内消火栓的布置应满足同一平面有 2 支消防水枪的 2 股充实水柱同时达到任何部位的要求……"，明显可以看出，从原来要求的"每一个防火分区”转变为“同一平面”，条文关键字的变化直接说明相邻防火分区的消火栓能借用。

当借用相邻防火分区内的消火栓时，说明此时人员主动疏散已不再考虑，该相邻防火门的火势蔓延控制由借用的消火栓来保证；相邻防火分区的消火栓借用，很多时候并不是单纯为满足两股充实水柱的需要，在灭火初期，需要两股水柱到达灭火点，随着火势的增大往往实际参与灭火的消火栓数量大于设计值（根据《建筑设计防火规范》GB 50016 的条文说明介绍：有成效的扑救较大火灾的平均用水量为 39.15L/s，扑救大火的平均用水量达 90L/s），这时必须依靠相邻防火分区的消火栓拉过来参与灭火。

从建筑专业相邻防火分区最多只能借用一个安全疏散口，同理可得：对于保护同一个点的两股水柱的两个消火栓，只能借用其中一个消火栓从别的防火分区拉进来。

【7.4.8】 建筑室内消火栓栓口的安装高度应便于消防水龙带的连接和使用，其距地面高度宜为 1.1m；其出水方向应便于消防水带的敷设，并宜与设置消火栓的墙面成 90°角或向下。

解读：《栓规》对此条采用“宜”，是考虑在特殊情况下可适当放宽，如在住宅楼梯间休息平台放置消火栓箱时由于圈梁的影响，栓口 1.1m 无法保证，又如由于墙体厚度的原因而采用薄型消火栓箱使得栓口选用旋转型的。美国国家防火协会 NFPA14《消防立管及软管系统安装标准》规定：水带接口和消火栓箱应无障碍，且在地面上不小于 3 英尺（0.9m）或大于 5 英尺（1.5m）的位置。

【7.4.10】 室内消火栓宜按直线距离计算其布置间距，并应符合下列规定：

1　消火栓按 2 支消防水枪的 2 股充实水柱布置的建筑物，消火栓的布置间距不应大于 30.0m；

2　消火栓按1支消防水枪的1股充实水柱布置的建筑物，消火栓的布置间距不应大于50.0m。

解读：本条规定了2股充实水柱和1股充实水柱的消火栓的布置间距；由《高层民用建筑设计防火规范》GB 50045和《建筑设计防火规范》GB 50016的"消火栓间距"改为"按直线距离计算其布置间距"。

"消火栓间距"和"充实水柱保护距离"比较分析：

(1) 按30m或50m消火栓间距布置（灭火保护距离不够时，消防队员可串接水带），NFPA14未对充实水柱数量作出规定，其要求每个楼梯口、出入口、水平安全出口墙的每侧均需设水带接口；当未设自动喷淋时，65mm栓口水带接口至最远保护距离为45.7m，当设有自动喷淋时，65mm栓口水带接口至最远保护距离为61m；40mm栓口水带接口至最远保护距离为39.7m；小于40mm栓口水带接口至最远保护距离为36.6m。消防部门专用的水带接口可以串联几根水带（栓口最小设计动压0.69MPa）实施灭火，而非消防专业部门使用的水带接口无水带串联，故40mm栓口保护距离须缩短。《高层民用建筑设计防火规范》GB 50045和《建筑设计防火规范》GB 50016关于户门（房门）至楼梯间门的疏散距离约为40m（位于两个安全出口），设有自动喷淋的多层建筑，安全疏散距离可增加25%，即最大可达到50m；户门（房门）至室内最远点的距离一般不宜超过15m，这样室内最远点到楼梯间门的疏散距离为55m（未设自动喷淋）和65m（设有自动喷淋），以上数据与NFPA14规定的65mm栓口水带接口至最远保护距离基本接近，《栓规》条文7.4.7要求消火栓优先布置在前室、楼梯间的出处大概就在此。《栓规》未明确是否允许采用消火栓水带串接，当采用两股充实水柱布置要求时，势必需要在前室外增加消火栓，按《栓规》7.4.6条文说明"设置在楼梯间及休息平台等安全区域的消火栓仅应与一层视为同一平面"，即楼梯间或休息平台消火栓只能与本层或上部的一层视为同一平面，杜绝上下楼层相互借用的可能性，从灭火理念上有点无法自圆其说。

（2）按两股充实水柱到达任何部位布置。根据《栓规》条文7.4.10和条文说明，消火栓栓口距离按直线距离布置，水带保护距离按行走距离（在不考虑串接水带的前提下，须考虑消火栓水枪能拉到最不利的转弯处，否则此后的充实水柱无法发挥其增加保护距离的作用）计算。

【7.4.12】 室内消火栓栓口压力和消防水枪充实水柱，应符合下列规定：

1 消火栓栓口动压力不应大于0.50MPa；当大于0.70MPa时必须设置减压装置；

2 高层建筑、厂房、库房和室内净空高度超过8m的民用建筑等场所，消火栓栓口动压不应小于0.35MPa，且消防水枪充实水柱应按13m计算；其他场所，消火栓栓口动压不应小于0.25MPa，且消防水枪充实水柱应按10m计算。

解读：条文的执行难点有以下两点：①栓口动压力大于0.50MPa是否减压；②栓口最小动压与水枪充实水柱不一致。

① 本条文第1款结合《自动喷水灭火系统设计规范》GB 50084报批稿，中庭、影剧院、音乐厅、单一功能体育馆等场所的喷头最大净空高度为16m（按水枪倾角45°计算时，消火栓栓口动压力0.50MPa对应的保护高度为16m），会展中心、多功能体育馆、自选商场等场所的喷头最大净空高度为18m（按水枪倾角45°计算时，消火栓栓口动压力0.70MPa对应的保护高度为18m），这样自动喷水灭火系统和消火栓系统最大净高保护高度相吻合；按水枪倾角45°计算时，消火栓栓口动压力0.50MPa对应的保护高度为16m，0.70MPa对应的保护高度为18m；当栓口保护的楼层高度小于16m，且栓口动压力大于0.50MPa时，应减压；反之，不得减压。

② 本条文第2款中栓口动压与消防水枪充实水柱不符（如栓口动压0.35MPa对应的充实水柱应为18.5m；栓口动压

0.25MPa对应的充实水柱应为14.5m），条文将消火栓栓口动压增大，那么相应充实水柱和消火栓的保护半径也增大，这是弱化消火栓，强化自动喷淋的一个信号（消火栓数量将相应减少）。条文提高栓口最低压力主要是考虑到实际灭火中水带可能会串接几条（当两股不能满足，需将附近消火栓拉过来）以及水带转弯增多，使水头损失增大；水带与栓口以及水带与水带连接并不完全封闭，有水量渗漏导致水压降低（相当于泄压），如从这几方面来理解，那么栓口动压和充实水柱不符（栓口动压考虑水带串接因素，充实水柱是在考虑水带渗漏泄压下的最低压力要求）是表面现象。

【7.4.14】 住宅户内宜在生活给水管道上预留一个接 *DN*15 消防软管或轻便水龙的接口。

解读：条文指向明确，难点在如何预留接口。住宅设计中，生活给水管道多数是仅作甩头，后期装修时由业主完善内部管线敷设。

难点解决途径：设计中交代洗衣机水龙头兼用消防软管或轻便水龙的接口，住宅内部配置专用软管。

从生活给水管道上接出消防软管的接口或阀门需注意负压回流污染，根据《建筑给水排水设计规范》GB 50015 条文3.2.5中C.3要求应设置真空破坏器。

【7.4.15】 跃层住宅和商业网点的室内消火栓应至少满足一股充实水柱到达室内任何部位，并宜设置在户门附近。

解读：条文降低了跃层住宅和商业网点室内消火栓的布置要求，并对布置位置作出优先选择原则。

难点和易错点：①栓口压力取值；②一股水柱的适用范围。

① 栓口压力取值：对于跃层住宅，不管消火栓设在下层的前室还是休息平台，栓口压力应以跃层楼层处标高+1.10m为基准高度计算，室内消火栓的保护距离应计算至跃层最不利点

处（户内楼梯按其水平投影的1.5倍计）。

② 一股水柱的适用范围：当一股消火栓都无法保护到跃层最不利处时（一般情况能满足，但也有些户型可能会出现此种情况），应在跃层休息平台或跃层前室增设消火栓；当建筑高度超过54m或每个单元设置两个及以上楼梯间疏散口时，跃层的下层需按普通住宅常规设计，满足任何部位两股充水水柱到达，对跃层的放宽主要考虑到前室放置消火栓位置有限，往往有些跃层楼层和前室之间无疏散门或者即使有疏散门，业主装修时也会封堵掉。

7.3 条文应用

7.3.1 问题解答

问1：干式消防竖管是否仅仅用在建筑高度不大于27m的多层住宅。

答：否，根据《栓规》条文7.1.3"室内环境温度低于4℃或高于70℃的场所，宜采用干式消火栓系统"得知，只要室内环境温度低于4℃或高于70℃，推荐采用干式消火栓系统，条文中并未对建筑类型作出要求，而消防竖管属于消火栓系统范畴，故在室内环境温度低于4℃或高于70℃的场所，干式消防竖管适合任何建筑。

问2：建筑高度不大于27m的多层住宅在确有困难时，可否采用干式消火栓系统。

答：当建筑室内环境温度低于4℃或高于70℃，可采用干式消火栓系统（含干式消防竖管）；当室内环境温度高于4℃且低于70℃，在确有困难时（如无条件设置消防水泵房、改造项目等因素），可采用干式消防竖管，但规范未明确是否可采用干式消火栓系统（除干式消防竖管外）。

问3：当市政消火栓计入建筑室外消火栓，扣除市政消火栓后，用地内设置的室外消火栓数量不超过2个，该路室外消火栓管是否可采用枝状供水。

答：不可以，室外消防用水量的定额标准是按建筑单体的体量以及建筑火灾危险性取定的，对于室外用水量定额高的建筑，规范从安全角度出发，要求采用环路供水。即使借用了市政消火栓，但建筑要求的防火安全性并没有降低，故还是需要环路供水。

问4：小区总体设计室外消火栓时，是不是只要保证每个室外消火栓的保护半径不大于150m，相邻两个室外消火栓间距不超120m就可。

答：不可以，室外消火栓的保护半径不大于150m，相邻两个室外消火栓间距不超120m，这两个条件是最基本要求。总体设计时室外消火栓除按上述距离要求布置后，还需复核每个单体是否满足相应的室外消火栓，同时要保证水泵接合器附近15～40m范围内必须有一个室外消火栓；注意附加复核人防工程、地下工程等建筑应在出入口5～40m范围内必须有一个室外消火栓。根据国家基本建设委员会·公安部编写的《关于建筑设计防火的原则规定》，高压室外消火栓的保护半径不应超过120m，故高压室外消火栓的间距不应超过90m（参考《建筑设计防火规范》GB 50016 8.2.8.3条文说明关于室外消火栓间距的计算方法）。

室外消火栓的间距和保护半径是套用了市政消火栓的做法，两者都是从宏观角度出发。消火栓的保护半径是由国产消防车的供水能力决定的，180m的水带扣除折损因素后，消防车的保护半径就是150m，由于国内主街道的布置往往间距控制在160m内，其街道交叉处均设有消火栓，故该栓的辐射范围为80m，那么在同一条街道上的相邻两个室外消火栓间距就可以用勾股定律得出为120m。

问5：设在外墙上或室外地面上的消火栓，能否当作室内消火栓使用。

答：能，室内消火栓和室外消火栓的设置位置和在室内还是室外无关，判断一个消火栓到底是室内消火栓还是室外消火栓，主要是由其灭火功能和使用方式决定。当该消火栓栓口压力能满足最不利处的充实水柱要求，且连接水带按不大于25m计，该消火栓即使是设置在室外，也是属于室内消火栓；否则即使设置在室内，也只能当室外消火栓使用。

问6：跃层住宅的屋顶消防水箱静水压力是按跃层还是以下层为基准楼层计算。

答：《栓规》中仅对跃层的扑救水枪数量允许减少，并未对充实水柱放宽，故消防水箱的静水压力需按跃层楼层面+1.10m为基准线来折算高差。对于错层式样住宅（指一套住宅内的各种功能用房在不同的平面上，用30～60cm的高差进行空间隔断），也需按套内最高平面为基准楼层计算。

问7：两层商业网点，室内消火栓是否可以布置在一层公共走廊。

答：可以，按一股充实水柱到商业网点的任何部位，但充实水柱的基准点须按二层网点地面标高+1.10m计。对外设置的消火栓箱需考虑防冻措施以及防盗措施（消火栓尽量不要嵌在商户外墙上）。

7.3.2 拓展思考

拓展思考部分重在交流、探讨，笔者结论仅供参考。

思考1：《栓规》要求室内消火栓设置在楼梯间及其休息平台和前室、走道等明显易于取用处，同时又要求两股充实水柱到达室内任何位置，是否可以两个消火栓都设在前室或楼梯间。

分析：不建议这样设计（住宅除外），目前《栓规》并没有要求消防专业队员使用的栓口必须全在安全区域内，同时为了防止两股消火栓水带相互打结，建议前室或楼梯间只要设一个消火栓栓口，另一个消火栓栓口设在楼梯间外的公共走道。按《建筑设计防火规范》GB 50016对于两个安全疏散口距离的要求，当未设自动喷淋时为40m，设有自动喷淋时为50m，以两个消火栓栓口直线距离不超过30m估算，两个安全疏散口之间的走道需增设1～2个消火栓。

思考2：建筑高度不超54m且每个单元设置一个楼梯时，住宅建筑中间楼层出现跃层，那么室内消火栓是否也可以只需要满足一股水柱到达室内任何部位。

分析：原规范对住宅类建筑是按楼层为依据来设计消防的，住宅顶部为2层一套的跃层，可按1层计，其他部位的跃层以及顶部多于2层一套的跃层，应计入层数。故按原规范的意图，室内消火栓满足一股水柱到达室内任何部位只适应于顶层的跃层且不包括顶层跃层的下层。《栓规》是以建筑高度为界线，和有无跃层无关，由此会出现两种理解方式：①所有楼层的跃层可按一股水柱，超过54m住宅的跃层下层满足两股水柱；②仅顶部楼层的跃层可按一股水柱，超过54m住宅的其他楼层和跃层包括顶部楼层均需满足两股水柱。《栓规》条文7.4.15并没有明确指出是指哪个跃层，完全可以理解为所有跃层，《栓规》对于顶层跃层的放宽条件已调整（原规范对顶层跃层可不计楼层，《栓规》需要计入高度），即顶层跃层和其他楼层跃层同样对待，正是基于此原因，笔者认为可以按方式①来设计。

思考3：消防水枪充实水柱13m时，栓口动压为多少，是0.35MPa吗？消防水枪充实水柱10m时，栓口动压为多少，是0.25MPa吗？该组数据有无矛盾之处。

分析：该组数据无直接的对应关系，可以认为0.35MPa或0.25MPa是原因，13m或10m是结果，即13m或10m是考虑栓口0.35MPa或0.25MPa压力下，水带接口泄漏、水带有可能串接后在水枪处的充实水柱不得小于13m或10m，所以两者本质上还是一致的，详见《栓规》条文7.4.12的解读。

思考4：室内消火栓是否必须配消防水带。

分析：按《栓规》条文7.4.2和条文7.4.13，除建筑高度不大于27m的住宅采用干式消防竖管外，其他情况下的室内消火栓均需配备消防水带。

笔者意见：室内消火栓通常有两种型号 SN50 和 SN65，一般消防队员每人都会携带两根 SN65 的水带到现场，所以从节约、防盗以及维护方面考虑，对于使用 SN65 的消火栓可不配置消防水带；但如果使用 SN50 的消火栓，因消防队员携带水带与此型号不匹配，需配消防水带；当使用 SN25 消防软管卷盘时，考虑初期非专业人员使用，也需要配消防水带。

7.3.3 国外技术资料

NFPA14《消防立管及软管系统安装标准》对消火栓布置的要求：

NFPA14 不仅对消火栓布置有要求，对其立管的布置位置也有要求。

（1）65mm 栓口消火栓位置及布置要求：

① 每个出口楼梯内楼层间最高的中间平台处；

② 毗邻水平安全出口的墙的每侧；

③ 无顶的商业购物中心内每个从建筑区进入通道的入口处的出口通道内；

④ 有顶的商业廊亭内到每个出口通道或出口走廊的入口处，以及从外面进入购物中心的公共入口的内侧；

⑤ 通往屋顶的楼梯的最高平台处，以及楼梯不抵达的坡度小于 25%的屋顶上；

⑥ 当未设自动喷淋时，65mm 栓口水带接口至最远保护距离为 45.7m，当设有自动喷淋时，65mm 栓口水带接口至最远保护距离为 61m；

⑦ 40mm 栓口水带接口至最远保护距离为 39.7m，小于 40mm 栓口水带接口至最远保护距离为 36.6m。

（2）消火栓立管位置及布置要求：

① 立管系统管道应防止机械损伤；

② 立管和由立管供给的横向管道应位于封闭楼梯间或受到

等同于封闭楼梯间的耐火建筑构件的保护；

③ 每个出口楼梯应安装单独的立管；

④ 建筑设有全自动喷淋系统，65mm水带接口的横向管道不需要保护；

⑤ 40mm水带接口的管道不需要保护；

⑥ 若楼梯间为敞开楼梯间，立管系统可不配备耐火构件。

第8章　管　　网

8.1　条文综述

本章共计28条，其中强条1条。明确支状管网、环状管网选用原则，并对管网的管径、系统工作压力、管材、连接方式、阀门设置等作出规定。

8.2　条文解读

【8.1.2】 下列消防给水应采用环状给水管网：

1　向两栋或两座及以上建筑供水时；

2　向两种及以上水灭火系统供水时；

3　采用设有高位消防水箱的临时高压消防给水系统时；

4　向两个及以上报警阀控制的自动水灭火系统供水时。

解读：条文8.1.2仅适用于室内消火栓系统，当满足1～4款中任何一条，其室内消火栓系统均需布置成环状管网，建议条文8.1.2作为条文8.1.5的备注来理解比较合适。

【8.1.5】 室内消防给水管网应符合下列规定：

1　室内消火栓系统管网应布置成环状，当室外消火栓设计流量不大于20L/s，且室内消火栓不超过10个时，除本规范第8.1.2条外，可布置成枝状；

……

解读：规定室内消火栓成环布置和枝状布置的临界线。

室内消火栓满足一路消防供水的条件，可结合《栓规》条文4.3.1不设消防水池的条件以及《栓规》条文6.1.3室外消火栓满足一路消防供水的条件等相关条文结合起来理解，三处的条件是一致的。

【8.2.3】高压和临时高压消防给水系统的系统工作压力应根据系统在供水时，可能的最大运行压力确定，并应符合下列规定：

1　高位消防水池、水塔供水的高压消防给水系统的系统工作压力，应为高位消防水池、水塔最大静压；

2　市政给水管网直接供水的高压消防给水系统的系统工作压力，应根据市政给水管网的工作压力确定；

3　采用高位消防水箱稳压的临时高压消防给水系统的系统工作压力，应为消防水泵零流量时的压力与水泵吸水口最大静水压力之和；

4　采用稳压泵稳压的临时高压消防给水系统的系统工作压力，应取消防水泵零流量时的压力、消防水泵吸水口最大静压二者之和与稳压泵维持系统压力时两者其中的较大值。

解读：条文明确了系统工作压力的确定原则。

本条难点：如何正确理解“系统工作压力”，如何区分“系统工作压力”和“工作压力”的不同适用条件。

难点解答：“系统工作压力”用于复核管网和附属设备的耐压能力；“工作压力”往往是指消防水泵的额定工作压力。

本条文第1款和第2款“系统工作压力”等于“工作压力”，条文第3款和第4款“系统工作压力”大于“工作压力”，其中条文第3款的规定是在泄压阀等安全装置失效时，从管网安全角度出发考虑的；条文第4款，在一般情况下可按如下方式执行：①当“工作压力”小于等于0.60MPa时，取稳压泵维持系统时的压力为“系统工作压力”；②当“工作压力”大于0.60MPa时，取消防水泵零流量时的压力、消防水泵吸水口最大静压二者之和时的压力为“系统工作压力”。

建议设计时，在考虑条文8.2.3第1～4款“系统工作压力”后，还要以当地消防车的供水高度作为复核因素。

【8.2.5】 埋地管道当系统工作压力不大于1.20MPa时，宜采用球墨铸铁管或钢丝网骨架塑料复合管给水管道；当系统工作压力大于1.20MPa小于1.60MPa时，宜采用钢丝网骨架塑料复合管、加厚钢管和无缝钢管；当系统工作压力大于1.60MPa时，宜采用无缝钢管。钢管连接宜采用沟槽连接件（卡箍）和法兰，当采用沟槽连接件连接时，公称直径小于等于*DN*250的沟槽式管接头系统工作压力不应大于2.50MPa，公称直径大于或等于*DN*300的沟槽式管接头系统工作压力不应大于1.60MPa。

【8.2.8】 架空管道当系统工作压力小于等于1.20MPa时，可采用热浸锌镀锌钢管；当系统工作压力大于1.20MPa时，应采用热浸镀锌加厚钢管或热浸镀锌无缝钢管；当系统工作压力大于1.60MPa时，应采用热浸镀锌无缝钢管。

解读：以上条文，分别规定了埋地管道和架空管道的管材选择方法，难点在于如何确定系统工作压力，结合《栓规》条文8.2.3，可按如下方式确定：

（1）当采用高位消防水池、水塔、市政给水管网直接供水时，管道的系统工作压力均按其最大静压选择；

（2）当采用高位消防水箱稳压的临时高压消防给水系统时，取消防水泵零流量时的压力、消防水泵吸水口最大静压二者之和时的压力为“系统工作压力”；

（3）当采用稳压泵稳压的临时高压消防给水系统且其“工作压力”小于等于0.60MPa时，取稳压泵维持系统时的压力为“系统工作压力”；当“工作压力”大于0.60MPa时，取消防水泵零流量时的压力、消防水泵吸水口最大静压二者之和时的压力为“系统工作压力”。

管材选择举例：如100m的高层建筑（采用稳压泵稳压的临时高压），消防水泵的扬程（即工作压力）＝100m[建筑高度]＋10m[二层地下室高度]＋15m[管网水头损失]＋35m[《栓规》条文7.4.12要求高层建筑栓口动压不小于0.35MPa] = 160m>60m，取消防水泵零流量时的压力（按1.4倍计）、消防水泵吸水口最大静压（如不计）二者之和时的压力为"系统工作压力"，则"系统工作压力" = 160m×1.4 = 224m>160m，故消防水泵出口段的管材只能选用无缝钢管。

【8.3.1】 消防给水系统的阀门选择应符合下列规定：

……

4 埋地管道的阀门应采用球墨铸铁阀门，室内架空管道的阀门应采用球墨铸铁或不锈钢阀门，室外架空管道的阀门应采用球墨铸铁阀门或不锈钢阀门。

解读：不锈钢管道不宜与水泥、水泥砂浆、混凝土等材料直接接触，暗敷或埋地时，应在管外壁缠绕防腐胶带或采用覆塑方式，以避免对管外壁的酸碱腐蚀或发生电化学反应，故埋地管道的阀门也不应采用不锈钢材料。

【8.3.3】 消防水泵出水管上的止回阀宜采用水锤消除止回阀，当消防水泵供水高度超过24m时，应采用水锤消除器。当消防水泵出水管上设有囊式气压水罐时，可不设水锤消除设施。

解读：本条文规定了水锤消除器的设置原则。

消防水泵出水管采用水锤消除止回阀是为了防止水锤击穿止回阀破坏消防水泵叶轮。当消防水泵出水管设有水锤消除器或多功能阀时，可不设水锤消除止回阀；当设有稳压水罐的稳压系统下置时，可不设水锤消除器（当稳压水罐上置时，从字面意思理解也符合"消防水泵出水管上"的要求）。

8.3 条文应用

8.3.1 问题解答

问1：向环状管网输水的两根输水总管上，可否兼顾设置消火栓。

答：可兼顾，只要注意分割阀门的设置，对系统并不影响。

问2：若两层建筑，主环管设置在一层顶部，消火栓应如何布置。

答：水平环状管网按防火分区设置分割阀门，且保证在关闭任意管段时，每个防火分区内至少还有一个消火栓能正常使用；当上下两层接至（该管段不算立管）同一个水平环网上时，分割阀门可按同层消火栓的数量不超过5个设置（不含两端已设有阀门的立管上的消火栓）；水平环网上接出一段横管后可直接与上下两层的消火栓连接（参见《民用建筑工程给水排水施工图设计深度图样》09S901 P46）。

阀门布置方式详见图8.3.1-1。

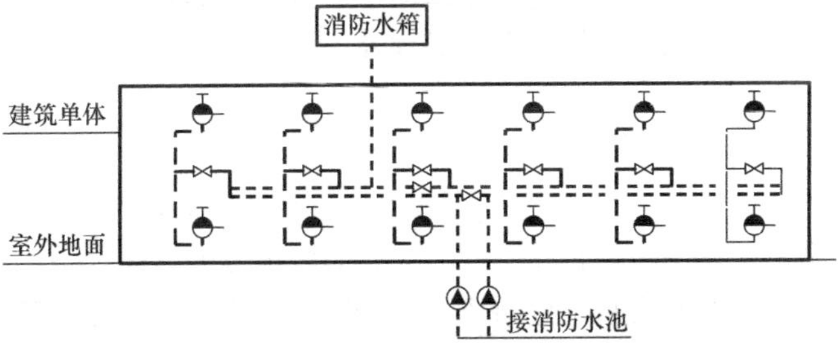

图8.3.1-1　阀门布置方式示意图

问3：关于管道压力中“大于消防给水系统的系统工作压力”、“应保证系统在可能最大运行压力时安全可靠”本条说得过于笼统，是否还需遵循原规范，“不小于1.40MPa”、“增加0.40MPa”的数据。

答：此条中的“系统工作压力”见条文8.2.3和条文8.2.3解读，注意“工作压力”和“系统工作压力”的区别。原规范要求“不小于1.40MPa”是试压压力不小于该值，与“系统工作压力”和“工作压力”是两码事，关于试验压力取值可按《栓规》表12.4.2中要求（要区分不同管材的要求）。

问4：当受场地限制，无法满足室外管道覆土要求时，可采取何种措施。

答：可采用结构满包、局部管道下弯至地下室、管沟等方式来满足。

问5：某十八层住宅小区（建筑高度小于54m），室内外消火栓系统是否均可采用一路供水。

答：室内消火栓系统须两路供水，室外消火栓系统可一路供水。按《栓规》条文6.1.3，建筑高度小于54m的住宅，室外消火栓系统可采用一路供水；按《栓规》条文8.1.5，室内消火栓不超过10个时可采用一路供水，十八层住宅每个单体至少需设18个室内消火栓，故室内消火栓系统需两路供水；按《栓规》条文8.1.2第1款、第3条以及条文8.1.5第1款，当向两栋及以上建筑供水或设有高位消防水箱的临时高压消防给水系统时，室内消火栓系统也需两路供水。

8.3.2 拓展思考

拓展思考部分重在交流、探讨，笔者结论仅供参考。

思考1：消防给水系统中，从准工作状态至工作状态过程中哪些状态下的压力属于静水压力，哪些状态下的压力属于动水压力。

分析：静水压力和动水压力区分详见表8.3.2-1：

静水压力和动水压力区分　　表8.3.2-1

	准工作状态	工作状态
静水压力	市政给水管网稳压时在某点的压力、高位消防水池稳压时在某点的压力、临时高压系统的高位消防水箱稳压时在某点的压力、临时高压系统的稳压泵（含气压水罐）稳压时在某点的压力	

续表

	准工作状态	工作状态
动水压力	主泵零流量时在某点的压力、主泵巡检、自检时在某点的压力、临时高压系统的高位消防水箱供水时在某点的压力、临时高压系统的稳压泵（含气压水罐）供水时在某点的压力	市政给水管网供水时在某点的压力、高位消防水池供水时在某点的压力、主泵在灭火状态从开始出水到停止出水整个过程中在某点的压力

思考2：室外消防给水系统配置了室外消火栓泵和稳压泵，在室外消火栓泵启动时，满足在最不利栓口处水压大于0.10MPa，但不能达到室外临时高压所要求的充实水柱，该系统是低压系统还是临时高压系统。

分析：属于低压系统，虽然设有室外消火栓水泵和稳压泵，但该系统在平时和火灾时均不能满足系统所要求的工作压力和流量，不符合临时高压的基本定义。低压系统仅要求在最不利的栓口处水压大于0.10MPa以及取水时所需要的流量，不管系统之前的水源是从何而来，是否有加压，加压多少次。

思考3：在基地周围的市政道路上，有一根高压市政给水管（提供压力0.50MPa）和一根低压市政给水管（提供压力0.20MPa），高压市政给水管和低压市政给水管均与市政是成环布置的，此种情况是否符合两路供水的条件。

分析：符合《栓规》条文4.2.2要求，满足两路供水的条件；两根引入管分别设低阻力倒流防止器后在基地内形成环网，对于室外消火栓只需要求在最不利处的供水压力从地面算起不小于0.10MPa，不管高低压进水管是如何混合，最终压力是多少。

第9章 消防排水

9.1 条文综述

本章共计8条，其中强条2条。关于消防排水，设计人员应把握以下原则，消防系统调试和日常维护管理所产生的用水应设置排水设施有组织排放，而灭火时产生的消防水量，则以避免产生次生灾害为前提，防范、控制为主，不必也不能如其他常规排水系统，做到100%随时排放。

9.2 条文解读

【9.2.1】 下列建筑物和场所应采取消防排水措施：

1 消防水泵房；

2 设有消防给水系统的地下室；

3 消防电梯的井底；

4 仓库。

解读：本条规定了应设置消防排水的场所，排水措施可按以下原则进行设计：

(1) 消防水泵房：消防水泵房最大排水流量不应小于消防水池补水管上的自动水位控制阀失灵时的溢流水量，如进水阀采用双重控制（先导阀采用浮球阀+电磁阀），可不考虑其溢流水量；

(2) 设有消防给水系统的地下室：按《人民防空工程设计防火规范》GB 50098条文说明7.8.1，地下室消防排水量可按消防设计流量的80%计算，故地下室的消防最大排水流量可参照执行；

(3) 消防电梯的井底：详见《栓规》条文9.2.3的解读；

(4) 仓库：仓库的消防最大排水流量可参考地下室要求取值，由于仓库的特殊性质（储存物品，对水渍有要求），故宜每层考虑排水，可利用楼梯间、地漏等相关排水措施。

【9.2.3】 消防电梯的井底排水设施应符合下列规定：

1 排水泵集水井的有效容量不应小于2.00m^3；

2 排水泵的排水量不应小于10L/s。

解读：本条为强制性条文，必须严格执行，条文规定了消防电梯集水井的最小有效容积及排水泵的最小排水量。

火灾时，消防泵一旦开启不应自动停泵，故消防排水可看作是一个连续排水的过程，消防集水井的有效容积与排水泵的排水流量没有直接的对应关系（如兼用作为平时排水时，仍需满足平时排水的要求容积），不必按《建筑给水排水设计规范》GB 50015 4.7.8.1条“集水池有效容积不宜小于最大一台污水泵5min的出水量”的规定进行复核，消防电梯集水井排水泵排水量大于10L/s时，该集水井有效容量仍可按2.00m^3进行设计。

【9.3.1】 消防给水系统试验装置处应设置专用排水设施，排水管径应符合下列规定：

1 自动喷水灭火系统等自动水灭火系统末端试水装置处的排水立管管径，应根据末端试水装置的泄流量确定，并不宜小于$DN75$；

2 报警阀处的排水立管宜为$DN100$；

3 减压阀处的压力试验排水管道直径应根据减压阀流量确定，但不应小于$DN100$。

解读：本条为强制性条文，必须严格执行。

条文的难点有如下：①末端试水装置的泄流量如何确定；

②报警阀处的排水量如何确定；③减压阀流量如何确定。

可按下列方式处理：

① 自动水灭火系统末端试水装置的排水立管为重力流状态，试水接头流量系数 $K=80$，最不利处工作压力 $P=0.05$MPa（不计末端喷头至末端试水装置区间的水头损失）时的泄水量为0.94L/s，故其末端试水装置处的排水立管管径不宜小于 *DN*75（*DN*75 地漏用于地面排水时的排水能力为 1.7L/s），且须按重力流计算复核其排水量。

② 报警阀排水点有排水管（≤*DN*50）、延迟器以及水力警铃排水管三处，均采用间接排水。报警阀调试、验收时，当进水压力大于 0.14MPa，排水管排水流量大于 1L/s 时，报警阀必须报警，压力开关和水力警铃同步作出响应，当利用报警阀处排水管（≤*DN*50）泄空配水干管水量时，可按排水量 3～5L/s估算，故收集地面排水的立管管径不宜小于 *DN*100（*DN*100 地漏用于地面排水时的排水能力为 3.8L/s），且须按重力流计算复核其排水量。

③ 减压阀检查和维护时需排水，其设置场所地面应考虑排水措施，故减压阀宜布置在管道井或水泵房等有排水设施的房间内，不宜将减压阀布置在公共走道、办公场所、封闭吊顶、前室等不便利的场所。减压阀安装场所的排水量主要是检查和维护时落入到地面上的水量，可通过地漏间接收集，其排水管道管径不应小于减压公称直径的 50%（一般消防排水可取 *DN*75），当其位置在管道井时，应设挡水坎，高度不应小于 100～150mm。减压阀压力试验是通过在减压阀进出口管道之间（可通过进出口压力表口）临时连接一根 *DN*15 管道，来模拟减压阀失效时泄压阀和超压报警装置的有效性，此时在泄压阀出口处（泄压阀管径按减压阀公称直径的 20%计）需考虑排水，当其排水点处无集水坑等排水设施时，应设挡水坎，高度不应小于 200～300mm，并设地漏间接收集，排水管道的公称直径不宜小于减压阀的公称直径，且不应小于 *DN*100。

9.3 条文应用

9.3.1 问题解答

问1：地下室的消防排水能否借用汽车坡道、自行车坡道集水坑和消防电梯集水坑。

答：能，一般集水坑和潜水泵排水能力的设计按消防排水和其他因素的排水不同时发生，并取其中的大值。地下室集水坑有效容积按规范要求需满足5min的存水量，目的是为了防止潜水泵启停太过频繁；在消防排水前积水坑内存在水甚至潜水泵正在运行，消防排水和其他功能的地面排水兼用并不会缩短潜水泵的启动时间，反而会延长启动时间，对潜水泵的启停是有利的；地面的排水具有不可控性，分设集水坑和潜水泵也没必要。

(1) 不可控性：即使设计时考虑不借用，实际灭火时也很难限定地下室内消防的排水不流入以上区域集水坑。

(2) 不必要性：只要相应集水坑满足消防排水流量，不管消防排水前集水坑内有无存水，存多少水，只要潜水泵能正常工作（最多是维持坑位存水量保持消防排水前的水位），都不会对系统造成影响。

问2：自动喷淋灭火系统楼层泄空管和楼层试水管的排水立管是否通气。

答：液体压缩性和弹性定义：液体受压后体积缩小，即为压缩性；压力撤除后恢复原状，为弹性。由液体的体积弹性系数 $K=-dP/(dV/V)$ 推导得 $dV=-dP/(kV)$，其中10℃时水的体积弹性系数 $K=2.11\times10^9$，取自动喷淋配水管的初始压力为0.4MPa，楼层信号阀后喷淋管总体积0.4m^3，当压力由0.4 MPa变为0时，水的体积变化 $dV=-0.4\times10^6/(2.11\times10^9\times0.4)\ m^3=-0.474\times10^{-3}m^3=-0.474L$。楼层泄水时，信号阀关闭，泄空管的排水实际上经历了两个过程：在初始泄水至0.474L区间属于渐变压力流，在0.474L之后属于重力流。故其排水立管按重力流设置，需设伸顶通气管，排水量可参照重力流雨水立管泄流量。

楼层试水管直接和排水管连接时，由于是非孔口出流以及信号阀处于开启状态，故排水立管属于压力流，无需设通气管；末端试水装置通过孔口出流（孔口直接和大气相通，相当于泄压作用），相对压力瞬间变为0，故排水立管属于重力流排水，但可不设通气管（孔口出流处相当于通气管）；当楼层试水管和末端试水装置共用排水立管时，排水立管属于重力流排水。

问3：试验消火栓如布置在封闭设备层或建筑外墙为玻璃幕墙时，如何考虑排水。

答：设专用消火栓排水管，此排水管可按重力流雨水管道设计。

问4：减压阀在压力试验时，泄压排水管道的流量如何确定。

答：减压阀的压力试验排水一般是指在模拟超压时，泄压阀管段的泄水量；泄压阀安装位置可以在分区系统的最顶部，也可以在分区系统的最底部，所处的位置不同，其泄水量也会有差别；泄压阀管径按减压阀公称直径（按$DN150$或$DN100$计）的20%计（按$DN32$或$DN20$计）；根据《栓规》条文4.3.5的解读中的水力计算公式$Q=0.08424D^2P^{\frac{1}{2}}$（其中$Q$：给水管最大出流量$m^3/h$；$D$：给水管计算内径mm；$P$：给水管动水压力MPa）可分别估算得出两者泄水量为3.40L/s或1.33L/s，$DN100$重力排水管基本能满足泄水量的要求；由于管嘴排水属瞬间大流量出流，故从设计方便角度出发，建议排水管道的公称直径取值不应小于减压阀的公称直径。

问5：兼顾消防排水的潜水泵是否需配置消防电源。

答：一般地下室车库、库房等短时、少量进水不影响其功能使用要求的，潜水泵无须设置两路电源或双回路供电；重要的设备用房，如水泵房、变配电所、消防电梯等可按两路电源或双回路供电。

9.3.2 拓展思考

拓展思考部分重在交流、探讨，笔者结论仅供参考。

思考1：地下室消防水泵房排水量如何取值。

分析：消防水泵房内排水主要有：①消防水池的溢流量、排空量：溢流量按消防水池补水管管径和流速计算，如补水管的进水控制阀采用双重控制（先导阀采用浮球阀＋电磁阀）时，可不考虑溢流量；消防水池排空量是人为可控的，一般按不小于$DN50$考虑；②报警阀调试或泄空的排水量、试验的排水量：调试或泄空排水量见《栓规》条文9.3.1的解读；最大试验排水量按其主泵运行时工况的流量确定，一般其排水建议回流至消防水池内；③消防水泵试验的排水量、泄压的排水量：最大排水量分别按试验、泄压时主泵工况的流量确定，一般其排水建议回流至消防水池内；④减压阀的排水量：见《栓规》条文9.3.1的解读；⑤管道或配件的渗水量。以上5种情况按不同时发生、不累加，取最大值。

思考2：地下汽车库消防排水设计思路。

分析：地下室汽车库的消防排水需按排水量、排水收集方式、排出管的设计等几方面综合权衡。

（1）排水量的确定可按下列方法进行：

消防的排水量可小于消防的给水量，到底取给水量的多少，各个设计人员都有所不同，消防排水量的取值和消防扑救以及灭火设施的使用方式有关。当建筑的某个区域发生火灾时，并不是所有的消火栓都在着火区域参与灭火；当室内消火栓用水量为10L/s时，着火层使用一支水枪灭火，着火层上层另一支水枪用于降温控火；当室内消火栓用水量为20L/s时，着火层使用两支水枪灭火，着火层上层和下层各使用一支水枪用于降温控火；所以在本防火分区或本楼层的消火栓水枪数量不会超过50%（消火栓竖管流量分配可见表9.3.2-1）。考虑到地下室水枪的充实水柱相对比较高以及室外消火栓扑救落及地下室的水量，规范按80%计是相对比较合理的。

消火栓竖管流量分配（摘自给水排水设计手册第二版第02册） 表9.3.2-1

室内消防计算流量（水枪数×每支水枪流量）L/s	最不利消防竖管出水枪数（支）	相邻消防竖管出水枪数（支）
1×5	1	
2×2.5	2	
2×5	2	
3×5	2	1
4×5	2	2
6×5	3	3

注：出两支水枪的竖管，如设置双栓时，最上一层按双栓进行计算。出三支水枪的竖管，如设置双栓时，最上一层按双栓加相邻下一层一支水枪进行计算。

（2）排水的收集方式可按下列方法进行：采用排水沟和集水坑的方式、采用地漏和集水坑的方式、采用集水坑的方式。

①采用排水沟和集水坑的方式：在排水沟的尽端通过管道接入集水坑或排水沟直接排入集水坑，此方式往往在建筑面层或结构底板比较厚时采用。如有条件，排水沟尽量在建筑面层内解决，否则排水沟的设置会增加结构的荷载、改变防水的做法。从安全、舒适角度，排水沟不宜跨越行车道布置，尽量保证行车道在局部区域处于找坡的起坡处。

②采用地漏和集水坑的方式：地漏均匀布置或按区域布置在地下室，通过排水管道接入集水沟，此方式往往排水管道比较长，对结构底板厚度有一定的要求，排水管道应布置在结构底板内或建筑面层内，否则排水管的防腐比较难处理。如排水管敷设在结构底板内，在施工前需预埋长距离管道，由于混凝土的搅拌以及其他施工方面的因素，可能会导致排水管反坡，造成局部地面积水情况的出现；如果一味地增加结构底板厚度，显然是不合理的。

③采用集水坑的方式：要求两个集水坑（集水坑不宜布置在行车道以及车位挡轮器处）距离在40m左右，只在集水坑周围1m范围四周找坡（可以参见建筑专业技术措施关于地下汽车库的相关设计要求），其余区域不找坡。此做法增加集水坑数量不多（一个防火分区面积内一般总共设2～3个集水坑就够），而且对建筑找坡也有利。

（3）集水坑排出管的确定可按下列方法进行：

在压力排水系统中，由于各泵组启动时间不一致，各泵组的排出管距离室外的距离也不一致，所以在有条件情况下，各泵组排出管单独设计为宜。但在大型地下室，且排水方向受限制情况下，可酌情考虑多组排水泵组共用一根排出管［相关要求参考国家体育场给排水设计中的热点问题，给水排水，2006，32（6）：80］。

思考3：地下室集水坑设计思路。

分析：地下室集水坑的设置目前有以下几种做法：

① 每个防火分区分别按室内消防设计流量的80%计算消防排水流量，并按此标准设集水坑和潜水泵，每个集水坑内潜水泵均按一用一备或只有其中一个集水坑的潜水泵一用一备，其他集水坑的潜水泵均两用。

② 整个地下室按消防设计流量的80%计算消防排水流量，集水坑和潜水泵设置方式同①，此方式的理由是地下室的防火卷帘虽然能阻火蔓延，但并不能阻止水流通过，所以一旦某个防火分区有消防排水，水就会蔓延至整个地下室。

③ 地下室设置1～2个集水坑（预留排水泵电源插座）或仅设用坡道集水坑，此方式的理由是消防时即使不立即排水，消防排水的体积相比整个地下室的体量而言，地下室至多淹没100～150mm，不会造成设备用房或电气房间淹没（重要房间往往设有门坎或拦水沟），火灾后由消防队员在集水坑内放置移动潜水泵来排水。

综合结论：按方案②相对比较合理，方案①会造成集水坑和潜水泵过多，尤其在非地下车库区域，由于防火分区面积小，集水坑更加密集；方案③对地下的扑救速度以及人员的疏散均不利，尤其在存在高差的防火分区，会导致某些设备用房区域有淹没的危险，故建议在下凹区域的重要设备用房小范围内按防火分区考虑消防排水量。

第10章　水力计算

10.1　条文综述

本章共计15条，无强条。给出管网设计压力、泵组扬程、消火栓保护半径、减压、节流等计算方法。本章出现大量水力计算公式，在实际设计中，可采取管网简化等技术手段，并辅以设计手册，计算软件、经验数据等。

10.2　条文解读

【10.1.8】市政给水管网直接向消防给水系统供水时，消防给水入户引入管的工作压力应根据市政供水公司确定值进行复核计算。

解读：本条确定了市政直供消防系统时，引入管工作压力的确定途径，难点在于如何进行复核计算。

解决方式：由于市政给水管网用水高峰期的压力往往无法拿到准确数据，可按《栓规》条文4.2.1的解读："建议按当地压力的0.6～0.9系数折算作为高压消防给水系统的引入压力；在老城区且管网管径偏小，宜取0.6；在新区且管网管径大（给水干管大于*DN*400），取0.9"。同时以市政给水管网用水低谷期来复核消防给水管网超压问题。

【10.1.9】消火栓系统管网的水力计算应符合下列规定：

1　室外消火栓系统的管网在水力计算时不应简化，应根据枝状或事故状态下环状管网进行水力计算；

2　室内消火栓系统管网在水力计算时，可简化为枝状管网。

室内消火栓系统的竖管流量应按本规范第8.1.6条第1款规定可关闭竖管数量最大时，剩余一组最不利的竖管确定该组竖管中每根竖管平均分摊室内消火栓设计流量，且不应小于本规范表3.5.2规定的竖管流量。

室内消火栓系统供水横干管的流量应为室内消火栓设计流量。

解读：本条规定了室内外消火栓环状管网水力计算的简化方法。

本条难点及处理方法：

(1) 环状如何简化为枝状：根据《栓规》条文10.1.9第2款和第3款简化为枝状管网，可按以下两种常见类型举例：屋顶高位消防水池供水和地下室消防水泵供水，见图10.2-10.1.9-1和图10.2-10.1.9-2。

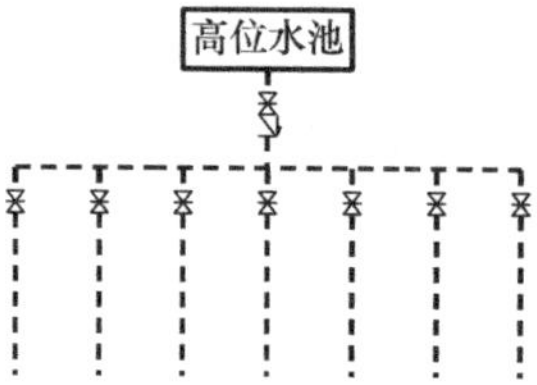

图10.2-10.1.9-1　计算简图一

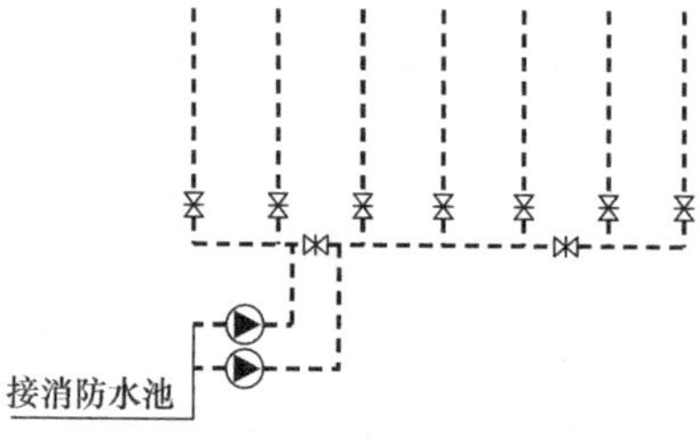

图10.2-10.1.9-2　计算简图二

(2) 消火栓竖管流量如何分配：当室外消火栓设计流量大于20L/s或室内消火栓数量超过10个时或符合《栓规》条文8.1.2时，室内消火栓应布置成环状管网，其水力计算应按管网平差计算，但实际设计中往往采用枝状管网估算法。各计算流量对应的消火栓竖管流量分配见表10.2-10.1.9-1。

消火栓竖管流量分配　　　表 10.2-10.1.9-1

室内消防计算流量（水枪数×每支水枪流量）(L/s)	最不利消防竖管出水枪数（支）	相邻消防竖管出水枪数（支）	次相邻消防竖管出水枪数（支）
2×5	2	0	0
3×5	2	1	0
4×5	2	2	0
5×5	3	2	0
6×5	3	3	0
8×5	3	3	2

（3）消防竖管流量计算原则如何确定：

1）当关闭竖管后，剩余竖管的数量不少于消防出水计算竖管数量时，则水力计算不变，最不利消防竖管、相邻消防竖管及次相邻消防竖管流量按各自出水枪数的流量之和；

2）当关闭竖管后，剩余竖管的数量少于消防出水计算竖管数量时，可将次相邻消防竖管流量平均分配给最不利消防竖管、相邻消防竖管进行水力计算。

【10.3.5】 减压阀的水头损失计算应符合下列规定：

1　应根据产品技术参数确定；当无资料时，减压阀阀前后静压与动压差应按不小于 0.10MPa 计算；

2　减压阀串联减压时，应计算第一级减压阀的水头损失对第二级减压阀出水动压的影响。

解读：第 1 款规定了减压阀水头损失选取方式，即优先按产品技术参数确定，其次按不小于 0.10MPa 取值；第 2 款规定了减压阀串联时的注意事项。

一般情况下可调式减压阀阀前后静压与动压差为 0.06～0.12MPa，动静压差越小，减压阀越精确，但易振动，所以设定在 0.10MPa 左右；比例式减压阀阀前后静压与动压差与减压阀的口径有关，需要进行动、静减压比的换算（见比例式减压阀动压比与静压比换算表 10.2-10.3.5-1，其中修正系数 K=静压比/动压比），如有资料按其产品确定，如无资料可按静压与动压差为0.10MPa计算。

比例式减压阀动压比与静压比换算

表10.2-10.3.5-1

公称直径（mm）	80	100	150
动压比	静压比		
2：1	1.55：1	1.65：1	1.76：1
3：1	2.43：1	2.56：1	2.78：1
修正系数 K	0.78～0.8	0.82～0.85	0.88～0.91

当系统减压值大于0.40MPa或减压比大于3：1（消防时最大可不超过4：1），减压阀须串联，但串联减压级数越多，出口压力稳定性就越差，故干管上减压不宜超过2级。一般情况下串联的减压阀前后型号不同，往往前段是比例式，后段是可调式，否则型号相同的减压阀串联容易产生共振。串联的减压阀须采用压力平衡式的减压阀，其压力和流量特性的偏差均要求小于8%，否则压力波动或流量变化对后段的减压阀出口压力形成叠加影响。

10.3　拓展思考

拓展思考部分重在交流、探讨，笔者结论仅供参考。

思考1：消火栓保护半径为两部分（水带长度和充实水柱长度）计算的累加，其中 L_S 以水枪充实水柱为计算基础，水枪充实水柱是无法弯折的，所以在实际工程中，设计人员也需要分别核实两部分长度，当水带到达操作长度后，仍未进入房间，该房间视为该消火栓无法保护区域。

思考2：喷淋系统末端试水装置和最不利作用面积关系。

分析：常规做法是把最大作用面积的最不利点设定为末端试水装置，实际上是犯了概念上的错误，将末端试水装置设置点和最不利作用面积的最不利点混为一谈。末端试水装置的设定是为了检验系统的可靠性，测试系统能否在开放一只喷头的最不利条件下可靠报警并正常启动，即在模拟一个喷头启动时，根据水头损失计算得出的管网最不利点，此点往往是管网的最远或最高点。最不利作用面积是为了确定喷淋系统的工作压力，在某些特殊情况下，并在不管网的最远处或最高处，此时需要经过管网的水头损失和管网局部上下翻的高差来比较最不利作用面积区域。

第 11 章　控制与操作

11.1　条文综述

本章共计 19 条，其中强条 6 条。分别从控制柜设置、控制方式、控制时间、控制顺序、电源切换、面板显示、自动巡检等方面进行规定。本章内容涉及电气专业，读者可参考电气专业相关资料进行深入了解。

11.2　条文解读

【11.0.4】 消防水泵应由消防水泵出水干管上设置的压力开关、高位消防水箱出水管上的流量开关，或报警阀压力开关等开关信号应能直接自动启动消防水泵。消防水泵房内的压力开关宜引入消防水泵控制柜内。

【11.0.6】 稳压泵应由消防给水管网或气压水罐上设置的稳压泵自动启停泵压力开关或压力变送器控制。

解读：条文 11.0.4 规定了消防水泵的联动控制方式，条文 11.0.6 规定了稳压泵的启停必须有压力开关控制。

条文难点及处理方法：

（1）压力开关和流量开关是并设还是单设。笔者认为可按单设处理，理由见 11.3 拓展思考 2；

（2）当压力开关控制稳压泵启停时，是否必须联动消防水泵：根据《栓规》条文 5.3.3 第 1 款“稳压泵的设计压力应满足系统自动启动和管网充满水的要求”，当设有稳压泵时，系统必须能联动控制消防水泵，故压力开关应联动消防水泵。

【11.0.11】 当消防给水分区供水采用转输消防水泵时，转输泵宜在消防水泵启动后再启动；当消防给水分区供水采用串联消防水泵时，上区消防水泵宜在下区消防水泵启动后再启动。

解读：条文规定了分区供水时，上下区消防水泵的启动先后顺序，难点在于如何理解“宜”。

当消防给水分区供水采用转输消防水泵时，转输泵的控制由上区消防水泵联动控制较为可靠（其他控制方式均存在误启动的风险），故转输泵宜在消防水泵启动后再启动。

当消防给水分区供水采用串联消防水泵时，常规做法有以下两种：①上区消防水泵直接从下区系统管道抽水；②考虑上区消防水泵能尽快启动，上区消防水泵直接从下区系统管道抽水外，从下区的高位消防水箱（参照江苏省标《民用建筑水消防系统设计规范》DGJ 32/J92 条文 10.3.5，高位消防水箱有效容积由 $18m^3$ 增加至 $30m^3$）额外再引出一根吸水管道用于上区消防水泵短时的临时抽水。当消防水泵直接串联供水采用第①种方式时，结合《栓规》条文 6.2.3 第 3 条，上区消防水泵“应”在下区消防水泵启动后再启动；当消防水泵直接串联供水采用第②种方式，上下区消防水泵联锁启动时间间隔不大于 20s 时，可先启动上区消防水泵，也可先启动下区消防水泵。设计时应根据实际选用的系统情况作出判断，而不是机械地根据条文去偷换概念。

11.3 拓展思考

拓展思考部分重在交流、探讨，笔者结论仅供参考。

思考 1：当临时高压消防给水系统采用压力开关或流量开关联动启动消防水泵，消火栓按钮有无继续存在的必要。

分析：笔者认为单从《栓规》的角度来看，条文 11.0.19 中用的是“或”，即既可作为报警信号，也可作为干式系统的启闭装置，无论从语气还是条文说明看，并没有强制；另外原规范中作为启泵按钮时，也没要求同时作为报警按钮，现在取消启泵功能，反而又额外添加报警功能，也很难自圆其说；再则，该按钮需要人工启动，意味着已经知道何处着火，此时向消控中心报警的意义也不大。

思考 2：压力开关是否必须设置。

分析：笔者认为无稳压泵的临时高压消防系统可不设置压力开关。压力开关存在一个死区，且不可调，在这个区间内输入量的变化不会引起压力开关输出量有任何察觉；压力开关存在着一定的精度误差，按《栓规》条文 5.1.11 第 3 款，当主泵设计压力为 1.0MPa 时，其精度误差达到 0.011MPa；当仅采用屋顶水箱作为稳压措施时，屋顶水箱的水位高差值（初期的管网水头损失相对环网来说很小，且该数据也无法准确计算）不足以弥补压力开关死区和精度误差，会导致压力开关联动主泵启动延误甚至无效，此时的控制方式和高位消防水箱水位控制如出一辙。当然，仅高位水箱稳压的临时高压系统设置压力开关时，该联动启动方式也只能仅作为备用启动方式，不可作为主启动方式，且压力联动的设定差值需跨越压力开关的死区（宜大于 0.02MPa）。

第12章　某超高层消防给水及消火栓系统设计实例介绍

12.1　工程概况

本工程位于山东省济宁市，北临吴泰闸路，南至洸河路，东临英萃路，西至火炬路。由A、B、C、D四个区块组成，地下三层，地下室连为一体。地上部分：A区，公寓式酒店，53层，建筑高度237.60m；B区，商业，5层，建筑高度26.70m；C区，办公、商业，23层，建筑高度99.40m；D区，商业，10层，建筑高度50.10m；地下部分（含6B人防物资库）共3层，由超市、汽车库、设备用房等区域组成；项目总建筑面积约41万m^2。详见表12.1-1。

各单体建筑指标　　　　**表12.1-1**

单体名称	建筑高度	建筑面积	建筑体积	建筑类别	建筑性质
A区	237.60m	10.88万m^2	45.18万m^3	超高层公建	公寓式酒店
B区	26.70m	1.82万m^2	8.12万m^3	二类高层公建	商业
C区	99.40m	11.85万m^2	53.06万m^3	一类高层公建	办公
D区	50.10m	5.85万m^2	29.45万m^3	一类高层公建	商业
地下室		10.60万m^2	29.75万m^3		超市、汽车库、设备用房等

12.2　水源情况

供水水源：城市自来水，水质符合《生活饮用水卫生标准》GB 5749的相关规定。

市政供水压力：夏季高峰用水时水压不小于0.25MPa。

市政给水管网现状：基地西侧火炬路现有*DN*600给水管，南侧洮河路现有*DN*600市政给水管，市政给水管为环状管网。

12.3　消防给水及消火栓系统设计方案

本工程在《栓规》执行之前已完成施工图设计工作，原设计方案详见12.4节，下面按《栓规》要求重新进行系统分析及设计定案。

12.3.1　消防设计参数

1. 火灾次数

由表12.1-1得知，本工程四个区块建筑总面积不大于50万m^2，为同一物业公司统一管理，室内外消火栓系统均按1起火灾计，且室外消火栓设计流量不加倍，详见《栓规》条文3.1.1、条文3.3.2及解读。

2. 火灾延续时间

本工程属于高层建筑中的综合楼，室内外消火栓系统火灾延续时间为3h；自动喷水系统火灾延续时间为1h（其中地下商业仓储区域按仓库危险等级，火灾延续时间为2h）；大空间智能型主动喷水灭火系统火灾延续时间为1h。

3. 消防流量

基地内各建筑物应设置：室外消火栓系统、室内消火栓系统、自动喷水灭火系统、大空间智能型主动喷水灭火系统、气体灭火系统、建筑灭火器。

（1）室外消火栓设计流量

本工程属于耐火等级一级的公共建筑，A、B、C、D四个区块建筑体积均>5万m^3，故室外消火栓设计流量为40L/s（其中B、C、D区块商业的储物区域按丙类仓库危险等级，室外消火栓设计流量为45L/s），详见《栓规》条文3.3.2及其解读，各单体参数详见表 12.3.1-1。

室外消火栓设计流量　　表 12.3.1-1

单体名称	建筑高度	建筑面积	建筑体积	建筑类别	设计流量
A 区	237.60m	10.88 万 m^2	45.18 万 m^3	超高层公建	40L/s
B 区	26.70m	1.82 万 m^2	8.12 万 m^3	二类高层公建	40L/s
C 区	99.40m	11.85 万 m^2	53.06 万 m^3	一类高层公建	40L/s
D 区	50.10m	5.85 万 m^2	29.45 万 m^3	一类高层公建	40L/s
地下室	地下商业		>5 万 m^3		30L/s
	丙类仓库		>5 万 m^3		45L/s
	汽车库		>300 辆		20L/s

注：按室外消防用水量最大区域计，本工程室外消火栓设计流量为 45L/s。

（2）室内消火栓设计流量

本工程 A、B、C、D 四个区块建筑均属于一类公共建筑，消火栓设计流量为 40L/s，（其中 B、C、D 区块商业的储物区域按丙类仓库危险等级，室内消火栓设计流量为 25L/s），详见《栓规》条文 3.5.2 及其解读，各单体参数详见表 12.3.1-2。

室内消火栓设计流量　　表 12.3.1-2

单体名称	建筑高度	建筑面积	建筑体积	建筑类别	设计流量
A 区	237.60m	10.88 万 m^2	45.18 万 m^3	超高层公建	40L/s
B 区	26.70m	1.82 万 m^2	8.12 万 m^3	二类高层公建	20L/s
C 区	99.40m	11.85 万 m^2	53.06 万 m^3	一类高层公建	40L/s
D 区	50.10m	5.85 万 m^2	29.45 万 m^3	一类高层公建	40L/s
地下室	地下商业		>2.50 万 m^3		40L/s
	丙类仓库		>5000m^3		25L/s
	汽车库		>300 辆		10L/s

注：按室内消防用水量最大区域计，本工程室内消火栓设计流量为 40L/s。

（3）自动喷水灭火系统流量

本工程地下商业仓储属于仓库危险级Ⅱ级，喷水强度 15L/(min·m^2)，作用面积为 280m^2，系统设计流量 91L/s；地下车库和商业属于中危险级Ⅱ级，喷水强度 8L/(min·m^2)，作用面积为 160m²，系统设计流量 30L/s；其余区域属于中危险级Ⅰ级，喷水强度 6L/(min·m²)，作用面积为 160m²，系统设计流量 21L/s，详见《喷规》条文 5.0.1、条文 5.0.5 及附录 A。各建筑业态自动喷淋设计流量见表 12.3.1-3

自动喷淋设计流量　　　　表 12.3.1-3

单体名称	建筑业态	危险等级	喷水强度	作用面积	设计流量
A 区	酒店	中危Ⅰ级	6L/(min·m²)	160m²	21L/s
B 区	商业	中危Ⅱ级	8L/(min·m²)	160m²	30L/s
C 区	办公、商业	中危Ⅱ级	8L/(min·m²)	160m²	30L/s
D 区	商业	中危Ⅱ级	8L/(min·m²)	160m²	30L/s
地下室	地下商业	中危Ⅱ级	8L/(min·m²)	160m²	30L/s
	丙类仓库	仓库Ⅱ级	15L/(min·m²)	280m²	91L/s
	汽车库	中危Ⅱ级	8L/(min·m²)	160m²	30L/s

注：按自动喷淋用水量最大区域计，本工程自动喷淋设计流量为 91L/s。

（4）大空间智能型主动喷水灭火系统流量

商业、大空间中庭等净空高度超过 12m 的区域设有大空间智能型消防水炮，每台水炮设计流量 5L/s，系统最大设计流量 20L/s（4 台水炮同时喷水），详见《大空间智能型主动喷水灭火系统设计规程》条文 5.0.2。

4. 消防用水标准、一次灭火用水量及消防水池储水量

基地内消防水池采用两路 *DN*150 管道供水，考虑到本工程为超高层城市综合体，火灾时情况较复杂，笔者在计算消防水池有效容积时，未考虑市政补水量，只将市政补水看作消防给水系统的备用水源，消防水池有效容积按火灾延续时间内全部室内消防用水量储存。

室外消火栓由市政环网直供，大空间智能型主动喷水灭火系统与自动喷水灭火系统合用。经计算，消防水池有效容积为 $V=25\times3\times3.6+91\times2\times3.6=925.2\text{m}^3$，详见《栓规》条文 3.5.2、条文 3.6.1、条文 3.6.1 解释。

消防用水标准、一次灭火用水量及消防水池储水量见表 12.3.1-4 和表 12.3.1-5。

消防用水标准　　　表 12.3.1-4

系统名称	单体名称	用水量标准 (L/s)	火灾延续时间 (h)	消防用水量 (m^3)	消防水泵
室外消火栓	A 区	40	3	432	45L/s，由市政两路管网直供
	B 区	40	3	432	
	C 区	40	3	432	
	D 区	40	3	432	
	地下商业	30	2	216	
	丙类仓库	45	3	486	
	汽车库	20	2	144	
室内消火栓	A 区	40	3	432	40L/s，由室内消防水泵从消防水池内吸水供给
	B 区	20	3	216	
	C 区	40	3	432	
	D 区	40	3	432	
	地下商业	40	2	288	
	丙类仓库	25	3	270	
	汽车库	10	2	72	
自动喷淋	A 区	21	1	75.6	91L/s，由自动喷淋水泵从消防水池内吸水供给
	B 区	30	1	108	
	C 区	30	1	108	
	D 区	30	1	108	
	地下商业	30	1	108	
	丙类仓库	91	2	655.2	
	汽车库	30	1	108	
大空间智能	超过 12m	20	1	与喷淋合用，不另计水量	

一次灭火用水量（单位：m^3）　　　表 12.3.1-5

系统名称	A 区	B 区	C 区	D 区	地下商业	丙类仓库	汽车库
室外消火栓	432	432	432	432	216	486	144
室内消火栓	432	216	432	432	288	270	72
自动喷淋	75.6	108	108	108	108	655.2	108
室内消防合计	507.6	324	540	540	396	925.2	180
室内外消防合计	939.6	756	972	972	612	1411.2	324
消防水池储水量	925.2						

注：消防水池储水量不含室外消防用水量，其实际有效储水量为 950m^3。

12.3.2　室外消火栓系统

本工程最高日生活用水量 3758.30m^3，最大时生活用水量 425.50m^3/h，平均时生活用水量 230.30m^3/h；按《栓规》条文 3.1.2 第 3 款“当消防给水与生活、生产给水合用时，合用系统的给水设计流量应为消防给水设计流量与生活、生产用水最大小时流量之和。计算生活用水最大小时流量时，淋浴用水量宜按 15%计，浇洒及洗刷等火灾时能停用的用水量可不计。”规定，除去淋浴（桑拿、泳池等区域）、浇洒及洗刷，最大时生活用水量为 326.60m^3/h；本工程室外消火栓流量为 45L/s，叠加最大时生活用水量 326.60m^3/h 后，根据《栓规》条文 10.1.9 第 1 款，当室外环网管径为 *DN*300 时，消防给水管道的设计流速为 1.858m/s（符合《栓规》条文 8.1.8 的规定：不宜大于 2.5m/s）。

1. 设计方案

本工程市政供水压力不小于 0.25MPa，供水干管管径为 *DN*600，拟从火炬路和洮河路 *DN*600 供水干管上各引一根 *DN*300 进水管和基地内的消防、生活合用环状管网连接形成低压消防系统，引入管上设置水表计量、管道倒流防止器等附件，管道倒流防止器高出地面安装并保温。

平时工作压力（流量按最大时生活用水量）＝市政供水压力 0.25MPa（不打折）－低阻力倒流防止器水头损失（参照《栓规》条文 7.3.10 解读）－水表等附件水头损失－管网水头损失（参照《栓规》条文 10.1.6）＝0.25－0.02－0.02－0.05＝0.16MPa＞0.14MPa，室外消火栓管网（平时）符合两路进水水压要求。

150%额定消防设计流量时工作压力（流量按平均时生活用水量＋消防设计流量）＝市政供水压力 0.225MPa（参照《栓规》条文 4.2.1 解读，给水引入管按 0.9 系数打折）－低阻力倒流防止器水头损失（参照《栓规》条文 7.3.10 解读）－水表等附件水头损失－管网水头损失（参照《栓规》条文 10.1.6）＝0.225－0.02－0.03－0.06＝0.115MPa＞0.10MPa（满足《栓规》条文 7.2.8）。

火灾时工作压力（流量按最大时生活用水量＋消防设计流量）＝市政供水压力 0.225MPa（参照《栓规》条文 4.2.1 解读，给水引入管按 0.9 系数打折）－低阻力倒流防止器水头损失（参照《栓规》条文 7.3.10 解读）－水表等附件水头损失－管网水头损失（参照《栓规》条文 10.1.6）＝0.225－0.02－0.03－0.08＝0.095MPa＜0.10MPa（不满足《栓规》条文 7.2.8），但如扣除倒流防止器水头损失，则其工作压力为 0.115MPa＞0.10MPa，故在倒流防止器前额外设置一个室外消火栓，即可满足《栓规》条文 7.3.10。

综合以上分析，得出如下结论：本工程满足市政两路供水条件，室外消火栓可按低压消防给水系统设计。

2. 室外消火栓布置

（1）室外消火栓保护半径采用 150m，沿建筑周围均匀布置（且每个单体均满足其室外消防用水量标准），室外消火栓布置间距不大于 120m，距路边不小于 0.5m 且不大于 2m，距建筑物不小于 5m；在地下室、人防工程的主要出入口 5～40m 范围内保证至少有一个室外消火栓布置。

（2）室外消火栓采用 *DN*150 的地上式消火栓。

（3）室外消火栓系统管材：根据《栓规》条文 8.2.2、条文 8.2.4、条文 8.2.5，给水管道采用内衬水泥砂浆的球墨铸铁管、O 形橡胶圈接口。

（4）室外消火栓系统阀门：根据《栓规》条文 8.3.1、条文 12.4.2，埋地管道的阀门采用明杆球墨铸铁闸阀（公称压力 0.60MPa，试验压力 1.10MPa），阀门设置在阀门井中。

注：室外消火栓布置原则详见《栓规》条文 7.3 相关内容。

12.3.3 室内消火栓系统

1. 方案比选（以超高层塔楼为例）

超高层建筑常用的消防给水系统主要有以下几种：①并联消防给水系统；②串联消防给水系统；③减压阀减压给水系统（一泵到底供水，其他分区采用减压阀减压）；④减压水箱减压给水系统（一泵到底供水，其他分区采用减压水箱减压）；⑤重力水箱消防给水系统；⑥混合型（①～⑤的其中两种或以上组合）。

根据《栓规》条文 8.2.3、条文 6.2.1 第 1 款及解读得，当消防给水的“系统工作压力”取临时高压系统（稳压泵稳压）消防水泵零流量时的压力时，理论上，消防水泵出水管最大压力=2.4/1.4=1.71MPa，供水最大高度估算=171－35（根据《栓规》条文 7.4.12 第 2 款，最不利楼层栓口动压不小于 0.35MPa）－16（估算管网水头损失）=120m。由此可得，建筑高度超过 120m 的超高层建筑，一般均围绕串联消防给水系统和重力水箱消防给水系统两种方案进行比选，或者以其中一种给水系统为主线、其他给水系统为辅的混合系统。本工程 A 区塔楼建筑高度为 237.60m，远超过该数值，因此，本工程不适合①、③、④给水系统。

串联消防给水系统：由消防水泵或串联消防水泵分级向上供水，可分为直接串联和转输串联。由前文得知，临时高压系统消防泵最大供水高度约为 120m，而本工程 A 区塔楼建筑高度为 237.60m，附带 3 层地下室，－3F 底板标高为－12.55m，室内外高差 0.30m，同时转输水泵和转输水箱的放置高度受避难层位置限制，不可能正好在建筑的 1/2 高度，笔者考虑工程实际以及水力安全等因素，把系统分为 3 个分区。

重力水箱消防给水系统：在建筑的最高处或避难层设置满足消防水量（根据《栓规》条文 4.3.11 第 4 款，至少储存 50%）和压力的重力水箱，并由重力水箱向各分区直接供水或减压供水。根据《栓规》条文 6.2.1 第 1 款及解读得，理论上重力水箱系统供水最大高度（由转输水泵的供水高度决定）＝240－5（管道出水口动压＋速度压力）－8（管网水头损失）＝227m。本工程 A 区塔楼建筑高度为 237.60m，附带 3 层地下室，－3F 底板标高为－12.55m，室内外高差 0.30m，因此，本工程需分两个分区。

串联消防给水系统和重力水箱消防给水系统供水方案比较，详见表 12.3.3-1。

供水方案比较　　　　表 12.3.3-1

供水方式	水池（水箱）布置情况	消防水泵布置情况	供水可靠性
重力水箱消防给水	950m^3 水箱（分两格，地下一2F）； 270m^3 水箱（分两格，31F）； 270m^3 水箱（分两格，234m 设备层）	转输泵，两用一备（地下一2F）； 转输泵，两用一备（31F）； 消防泵，一用一备，配稳压设施（234m 设备层）	高
串联消防给水	950m^3 水箱（分两格，地下一2F）； 160m^3 水箱（分两格，20F）； 160m^3 水箱（分两格，42F）； 100m^3 水箱（分两格，234m 设备层）	转输泵，两用一备（地下一2F）； 消防泵，一用一备（地下一2F）； 转输泵，两用一备（20F）； 消防泵，一用一备（20F）； 转输泵，两用一备（42F）； 消防泵，一用一备（42F）； 稳压设施（234m 设备层）	一般

结论：重力水箱消防给水系统，除靠近顶部消防水池的区域采用临时高压供水，其余区域均采用重力供水，系统的主要特点是以重力为主要动力，安全可靠；通过表格比较，串联消防给水系统和重力水箱消防给水系统两者投入的成本基本无差别；综合以上因素，本工程选择重力水箱消防给水系统。

2. 设计方案

本工程 B、C、D 区块建筑高度均为不大于 100m 的普通高层建筑，且消防用水量最大的商业仓储位于 B 区地下室，故将其与 A 区块建筑消防系统分开设置。之所以如此考虑是因为：①A 区块建筑重力水箱可减小，否则需按商业仓储来确定其有效容积；②将高层和超高层完全分开设计，系统控制、管线布置相对比较简单。但整个建筑群仍按同一时间内火灾次数 1 次计算，故可共用消防水池、消防泵房。

设计方案如下：本工程 A、B、C、D 四个区块共用地下消防水池，该水池存储室内一次火灾所需全部消防水量有效容积 950m^3，A 区块超高层塔楼消防转输泵组及重力消防管网与 B、C、D 区块建筑临时高压系统消防泵组及消防管网分开设置。

（1）水源

本工程统一考虑室内消防水源，－2F 层（见《栓规》条文 5.5.12 第 2 款，消防水泵房不应设在地下三层及以下或室内地面与室外出入口地坪高差大于 10m 的地下楼层）设两格（见《栓规》条文 4.3.6 及解读）消防水池及消防水泵房，作为基地室内消火栓系统供水水源，消防水池由两路 *DN*150 市政自来水补水。

（2）重力水箱消防给水系统（方案示意图详见插页图 12.3-1）

1）在 B 区块－2F 层（－9.05m）设消防水池和消防转输水泵（消火栓、喷淋共用），31F 层（128.10m，避难层）设两座 135m^3 重力消防水箱（按室内消防用水量 50%计）及消防转输泵、建筑标高 234.00m（设备层）设两座 135m^3 重力消防水箱（按室内消防用水量 50%计）。48F 层（195.60m）～顶楼（234.00m）采用临时高压消防给水系统；47F 层（191.70m）～34F 层（140.40m）由重力水箱（234.00m）供给；33F 层（136.50m）～20F 层（84.60m）由重力水箱（234.00m）经减压阀后供给；19F 层（80.70m）～9F 层（41.10m）由重力水箱（128.10m）供给；8F 层（36.60m）～－3F 层（－12.55m）由重力水箱（128.10m）经减压阀后供给；详见表 12.3.3-2。

2）重力水箱设置溢流管，溢流水接入下部重力水箱，最后回流至－2F（－9.05m）消防水池内，可以有效防止消防水量流失，造成火灾延续时间内消防水量不足。

3）具体分区和供水情况

室内消火栓系统竖向分区　　表 12.3.3-2

分区名称	服务范围	供水方式	水源	备注
1 区	−3F～8F	重力水箱（128.10m）经减压阀后供给	消防水池（−9.05m）+消防转输水泵(−2F)	高压消防给水系统
2 区	9F～19F	重力水箱（128.10m）供给	消防水池(−9.05m)+消防转输水泵(−2F)	高压消防给水系统
3 区	20F～33F	重力水箱（234.00m）经减压阀后供给	重力水箱（128.10m）+消防转输水泵（31F）	高压消防给水系统
4 区	34F～47F	重力水箱（234.00m）供给	重力水箱（128.10m）+消防转输水泵（31F）	高压消防给水系统
5 区	48F 及以上	重力水箱（234.00m）供给+消火栓水泵+稳压设施	重力水箱（128.10m）+消防转输水泵（31F）	临时高压消防给水系统

4）供水措施及供水设备选用

地下室 950m^3 消防水池设两根 DN150 补水管，补水管从 DN300 的室外消防、生活合用管网接出，为保证消防水量安全可靠，消防水池贮水量不考虑火灾延续时间内的补水量。

上部临时高压给水系统消防泵房设置于高位消防水池下方，满足水泵自灌吸水要求的同时，减少无效水深，最大限度地利用空间。

为避免重力水箱间对下方用房的影响，经与建筑专业协商，设置排水垫层引至下层公共走廊、后勤用房等上方，再通过地漏接入管井，从而避免因管道检修、漏水等问题影响下层房间的正常使用。

−2F 水泵房设消防转输水泵（2 用 1 备，参数：Q=35L/s，

H=155m)，向 31F 重力水箱（270m³）供水；31F（避难层）设消防转输水泵（2 用 1 备，参数：Q=35L/s，H=130m）向建筑标高 234.00m 设备层重力水箱（2×135m³）供水；建筑标高 234.00m 设备层设消火栓泵（1 用 1 备，性能参数：Q=40L/s，H=40m）和消防稳压设备一套，用于 48F～顶层消火栓的临时高压供水系统。

5）消防管网布置原则

① 一般原则：各分区消防管网均采用环状管网，向环状管网供水的给水管不少于两条，每条供水管均应供应全部消防用水量（见《栓规》条文 10.1.9 第 2 款）；供水管和分区供水环网连接时，在两供水管之间的环网上加设阀门；每组消防供水泵和转输水泵的出水管均不应少于两条，每条供水管均应能够供应全部消防用水量。

② 本工程特点：本工程采用重力水箱消防给水系统，为保证供水安全性，采用双立管环状供水；根据重力消防供水特点，重力供水管应满足自动喷水灭火系统与消火栓系统同时使用水量，两系统合用供水干管，在各区自动喷水灭火系统报警阀前分设给水管；本工程超高层塔楼室内消火栓设计流量为 40L/s，自动喷水设计流量为 30L/s，累计管道流量为 70L/s，选择管径为 DN200 管道 2 根，单根管道流速约为 2.2m/s；由于自动喷水灭火系统设计灭火时间小于消火栓系统，为保证各系统在设计灭火时间内均能有充足的灭火用水量，在各区报警阀前的自动喷水灭火供水管上设置电动阀，可由具有管理权限的工作人员根据火场实际情况对系统进行人工控制。

6）减压阀设置分析

根据《栓规》条文 6.2.1 第 2 款，消火栓栓口静压大于 1.00MPa 的消防给水系统须分区，分区情况详见表 12.3-3。

根据《栓规》条文 6.2.4 第 2 款，在 150%设计流量时，减压阀的出口动压不应小于设计值的 65%，压力复核详见表 12.3.3-3。

减压阀设置　　　　表 12.3.3-3

分区名称	服务范围	减压阀	150%流量复核	备注
1 区	−3F～8F	5F 设比例式减压阀 (2：1)，−3F 处栓口最大静压 0.98MPa (含 0.10MPa 动静压差)，满足要求	额定设计流量时，减压阀出口动压约为 0.50MPa，150%设计流量时，减压阀出口动压约为 0.40MPa，满足要求	如未设减压阀，栓口最大静压约为 1.40MPa
2 区	9F～19F	无		栓口最大静压约为 0.88MPa
3 区	20F～33F	33F 设比例式减压阀 (2.5：1)，20F 处栓口最大静压 1.00MPa 含 (0.10MPa 动静压差)，满足要求	额定设计流量时，减压阀出口动压约为 0.40MPa，150%设计流量时，减压阀出口动压约为 0.28MPa，满足要求	如未设减压阀，栓口最大静压约为 1.50MPa
4 区	34F～47F	无		栓口最大静压约为 0.95MPa
5 区	48F 及以上	无		栓口最大静压约为 0.98MPa

根据《栓规》条文 6.2.4 第 7 款，减压阀后应设置安全阀，安全阀的设置方式参见《栓规》条文 6.2.4 第 7 款解读。竖向分区 1 区（−3F～8F）在−3F 楼层的集水坑附近设安全阀，开启压力为 1.05MPa；竖向分区 3 区（20F～33F）在 20F 避难层排水点附近设安全阀，开启压力为 1.05MPa。

7）减压孔板设置分析

根据《栓规》条文 7.4.12 第 2 款，高层建筑的消火栓栓口动压不应小于 0.35MPa，而减压稳压消火栓减压后栓口动压为 0.25MPa～0.35MPa，无法满足其要求，故需采用减压孔板减压；根据《栓规》条文 7.4.12 第 1 款及解读，本工程栓口动压大于 0.50MPa 的消火栓均需减压，减孔板设置楼层详见表 12.3.3-4。

减压孔板设置　　　　表 12.3.3-4

分区名称	服务范围	减压孔板设置楼层
1 区	−3F～8F	−3F～4F
2 区	9F～19F	9F～16F
3 区	20F～33F	20F～29F
4 区	34F～47F	34F～43F
5 区	48F 及以上	48F～标高 223.20m 楼层

注：商业、大空间中庭等净空高度超过 16m 的区域消火栓栓口压力超过 0.70MPa 时，设置减压孔板。

8）水泵接合器

系统共设置水泵接合器 5 套，每套流量为 15L/s（满足 A 区室内消火栓系统及喷淋系统共计 70L/s 的消防流量要求），置于首层室外，各接合器和−2F（−9.050m）消防转输水泵出水管连接，进入 31F（128.10m）消防转输水箱内。

根据《栓规》条文 5.4.6 及解读，消防车的供水保护高度可达 120m（供水高度约 150m），故低区重力水箱设置在 128.10m（31F 避难层）是合理的。系统在转输出水管上预留手抬泵、移动泵的吸水接口，接力后直接和转输水泵出水管上预留的接口相接。

9）系统控制

−2F 消防转输泵由下列方式启动：

31F 消防转输泵联动；31F 重力水箱出水管上的流量开关联动；消防控制室内的启泵按钮启动；水泵房中的启泵按钮启动。

31F 消火栓转输泵由下列方式启动：

230.40m 标高处的消防水泵联动；234.00m 标高处的重力水箱出水管上的流量开关联动；消防控制室内的启泵按钮启动；水泵房中的启泵按钮启动。

234.00m 标高处的消防水泵由下列方式启泵：

稳压水泵处的压力开关联动主泵启动；消防控制室内的启

泵按钮启动；水泵房中的启泵按钮启动。

（3）管道设计

根据《栓规》条文 8.2.3、条文 8.2.4、条文 8.2.8、条文 12.4.2，进行管道设计，详见表 12.3.3-5。

管材选用　　　　**表 12.3.3-5**

分区名称	服务范围	系统工作压力	管材	试验压力
1 区	−3F～8F	0.98MPa（含 0.10MPa 动静压差）	热浸镀锌钢管	1.40MPa
2 区	9F～19F	0.88MPa	热浸镀锌钢管	1.40MPa
3 区	20F～33F	1.00MPa（含 0.10MPa 动静压差）	热浸镀锌钢管	1.60MPa（考虑减压阀、安全阀同时失效）
4 区	34F～47F	0.98MPa（含 0.10MPa 动静压差）	热浸镀锌钢管	1.40MPa
5 区	48F 及以上	0.98MPa（含 0.10MPa 动静压差）	热浸镀锌钢管	1.40MPa
低区转输泵（−2F）	出水管	1.55MPa	热浸镀锌加厚钢管	1.95MPa
高区转输泵（31F）	出水管	1.30MPa	热浸镀锌加厚钢管	1.70MPa

3. 消防排水

（1）消防电梯井井底设排水设施，附设集水井的有效容积不小于 $2m^3$，排水泵排水能力不小于 10L/s。

（2）消防泵房设排水设施（消防水池补水管为双重控制，各系统试验回水均回流至消防水池内），总排水能力不小于 10L/s，集水井的有效容积不小于 $2m^3$。

（3）地下车库设置消防排水设置（利用地下车库排水系统），其总排水能力不小于同时使用的消防系统供水量 80%。

（4）消防给水系统试验装置处设专用排水设施。

（5）消防排水原则详见《栓规》第 9 章条文及解读。

12.4　原设计方案简介

12.4.1　消防用水标准及一次灭火用水量

消防用水标准及一次灭火用水量见表 12.4.1-1（此处民用建筑不再详分，可参考表 12.3.1-1～表 12.3.1-5 分别计算后比较）

消防用水标准及一次灭火用水量　　表 12.4.1-1

序号	系统名称	用水量标准（L/s）	火灾延续时间（h）	一次消防用水量（m^3）	备注
1	室外消火栓系统	民用建筑 30	3	324	由市政给水管网提供，不计入消防水池
		仓储区域 45		486	
2	室内消火栓系统	民用建筑 40	3	432	存储在消防水池内
		仓储区域 10		108	
3	自喷灭火系统	民用建筑 30	1	108	存储在消防水池内
		仓储区域 91	2	655.20	
4	大空间智能灭火系统	净空高度超过 12m 的区域	1	72	与自动喷水灭火系统合用（不再累积水量）
合计	消防水池计算容积			民用建筑 540 仓储区域 763.2	消防水池提供四个区块室内消防用水

注：消防水池按仓储区域确定储水量，其实际有效储水量为 800m^3。

12.4.2　重力水箱消防给水系统

（1）在 B 区－3F（－12.550m）设消防水池和消防转输水泵（消火栓、喷淋共用），31F（128.100m，避难层）、建筑标高 234.00m（设备层）均设两个 100m^3 重力消防水池（按 30min 室内消火栓和喷淋用水量计），51F（207.300m）及以下采用重力分区减压供水，52F（211.200m）～顶楼（234.000m）采用临时高压消防给水系统，方案示意图详见插页图 12.4-1。

（2）具体分区和供水情况详见表 12.4.2-10。

室内消火栓系统竖向分区　　表 12.4.2-1

分区名称	服务范围	供水方式	反水源	备注
1 区	−3F～8F	重力水箱（128.10m）经减压阀后供给	消防水池(−9.05m)＋消防转输水泵（−2F）	高压消防给水系统
2 区	9F～24F	重力水箱（128.10m）供给	消防水池(−9.05m)＋消防转输水泵（−2F）	高压消防给水系统
3 区	25F～37F	重力水箱（234.00m）经减压阀后供给	重力水箱(128.10m)＋消防转输水泵（31F）	高压消防给水系统
4 区	38F～51F	重力水箱（234.00m）供给	重力水箱(128.10m)＋消防转输水泵（31F）	高压消防给水系统
5 区	52F 及以上	重力水箱（234.00m）供给＋消火栓水泵＋稳压设施	重力水箱(128.10m)＋消防转输水泵（31F）	临时高压消防给水系统

（3）供水措施及供水设备选用

−3F 水泵房设消防转输水泵（2 用 1 备，参数：Q=35L/s，H=160m），向 31F 重力供水水箱（2×100m^3）供水；31F（避难层）设消防转输水泵（2 用 1 备，参数：Q=35L/s，H=130m），向建筑标高 234.00m 设备层高位消防水池（2×100m^3）供水。建筑标高 234.00m 设备层设消火栓泵（1 用 1 备，参数：Q=40L/s，H=30m）和消防稳压设备 1 套，用于 52F～顶层消火栓的临时高压供水系统。

12.5　方案比对

12.5.1　消防用水标准及一次灭火用水量

通过比对得知，民用建筑的室外消防用水量从 30L/s 提升至40L/s，仓储区域的室内消防用水量从10L/s提升至25L/s，消防水池的有效容积从763.2m^3提升至925.2m^3。

12.5.2 室外消火栓系统

（1）给水设计流量和管径：

1）原规范设计：参考《建筑给水排水设计规范》GB 50015条文3.6.1、3.6.1A、3.6.1B、3.6.2、3.6.3，Q_{yr}（室外给水引入管设计流量）=Q_h（生活给水设计流量）+Q_f（室外消防设计流量），其中Q_h（生活给水设计流量）=Q_z（生活直供秒流量）+Q_b（调节水池补水量）、淋浴用水量按15%计、浇洒及洗刷等火灾时能停用的用水量可不计；室外给水为环路供水时，引入管的管径可按不小于70%的流量设计，故本工程的管径取*DN*250。

2）新规范设计：详见12.3.2章节介绍，本工程的管径取*DN*300。

（2）引入管供水压力要求：

1）原规范设计：参考《建筑给水排水设计规范》GB 50015条文3.6.2，火灾时工作压力=市政供水压力0.225MPa（参照《栓规》条文4.2.1解读，给水引入管按0.9系数打折）－低阻力倒流防止器水头损失（参照《栓规》条文7.3.10解读）－水表等附件水头损失-管网水头损失（流量按0.7×Q_{yr}）=0.225－0.02－0.03－0.06=0.115MPa>0.10MPa［满足《建筑给水排水设计规范》GB 50015—2003（2009年版）条文3.6.2］。

2）新规范设计：详见12.3.2章节介绍。

（3）给水管道布置要求：

1）原规范设计：给水管采用内衬水泥砂浆的球墨铸铁管、O形橡胶圈接口，公称压力1.00MPa，试验压力1.40MPa。

2）新规范设计：详见12.3.2章节介绍。

12.5.3 室内消火栓系统

（1）消防水池和水泵房：

1）原规范设计：消防水池有效容积为 $800m^3$，消防水池和水泵房均设置在地下三层。

2）新规范设计：消防水池有效容积为 $950m^3$，消防水池和水泵房均设置在地下二层。

（2）重力水箱取值：

1）原规范设计：参考上海《民用建筑水灭火系统技术设计规程》DG J08-94-2007/J 11056-2007，重力水箱一般取 $200m^3$（0.5h 的室内消火栓设计流量 30L/s 和自动喷淋设计流量 30L/s）。

2）新规范设计：详见 12.3.3 章节介绍。

（3）系统工作压力和供水高度：

1）原规范设计：按消防水泵的额定压力取值为系统工作压力，并复核准工作状态和零流量状态下的工作压力均不应大于系统的试验压力；临时高压系统的消防水泵出水管最大压力为 2.4MPa，供水最大高度估算＝240－20（最不利楼层栓口动压不小于 0.20MPa）－16（估算管网水头损失）＝204m。

2）新规范设计：取准工作状态和零流量状态下两者的较大值作为系统工作压力；临时高压系统的消防水泵出水管最大压力＝2.4/1.4＝1.71MPa，供水最大高度估算＝171－35（根据《栓规》条文 7.4.12 第 2 款，最不利楼层栓口动压不小于 0.35MPa）－16（估算管网水头损失）＝120m。

（4）消火栓减压：

1）原规范设计：消火栓栓口进水压力大于 0.50MPa 处，采用减压稳压消火栓，使栓口出水压力控制在 0.25MPa～0.35MPa。

2）新规范设计：详见 12.3.3 章节介绍，栓口进水动压大于 0.50MPa 的消火栓前设减压孔板减压，使栓口出水压力控制在 0.35MPa～0.50MPa。

（5）系统控制：

1）原规范设计：消防转输水泵由重力水箱水位控制、上区消防转输水泵（或消防水泵）联动控制、消防控制室内的启泵按钮启动、水泵房中的启泵按钮启动；234.00m 标高处的消防水泵由消火栓箱内的按钮启动、稳压水泵处的压力开关联动主泵启动、消防控制室内的启泵按钮启动、水泵房中的启泵按钮启动。

2）新规范设计：详见 12.3.3 章节介绍。

（6）管道设计：

1）原规范设计：消防给水管公称压力（不得小于 1.00MPa）按不小于消防水泵额定工作压力取值，消防水泵零流量工况下的压力或稳压状态下的压力均不得大于试验工作压力。

2）新规范设计：详见 12.3.3 章节介绍。

12.6　结　　语

本工程虽然在《栓规》颁布前几年早已完成施工图设计，但通过方案比对可以看出，本工程设计方案并没有违背《栓规》的基本原则，无论规范如何更新，都在法理之内。规范不是凭空而出的枷锁，规范是设计最基本的保护屏障，其最终目的是减少危害，保护人身和财产安全。知其然，知其所以然，以此为设计之根本，才不会畏惧不断发展完善的规范、标准、方针、政策，才不会在千变万化的工程中迷失。

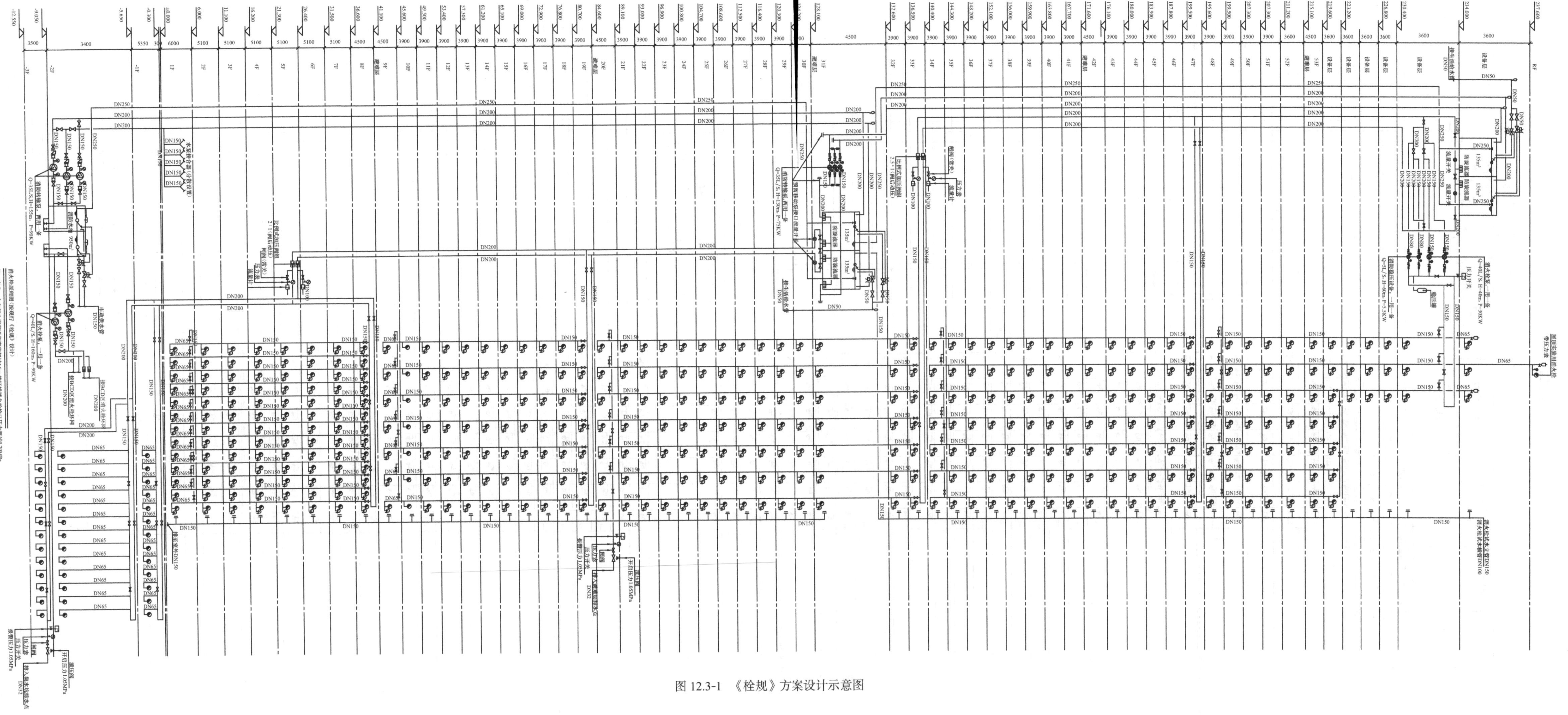

图 12.3-1 《栓规》方案设计示意图

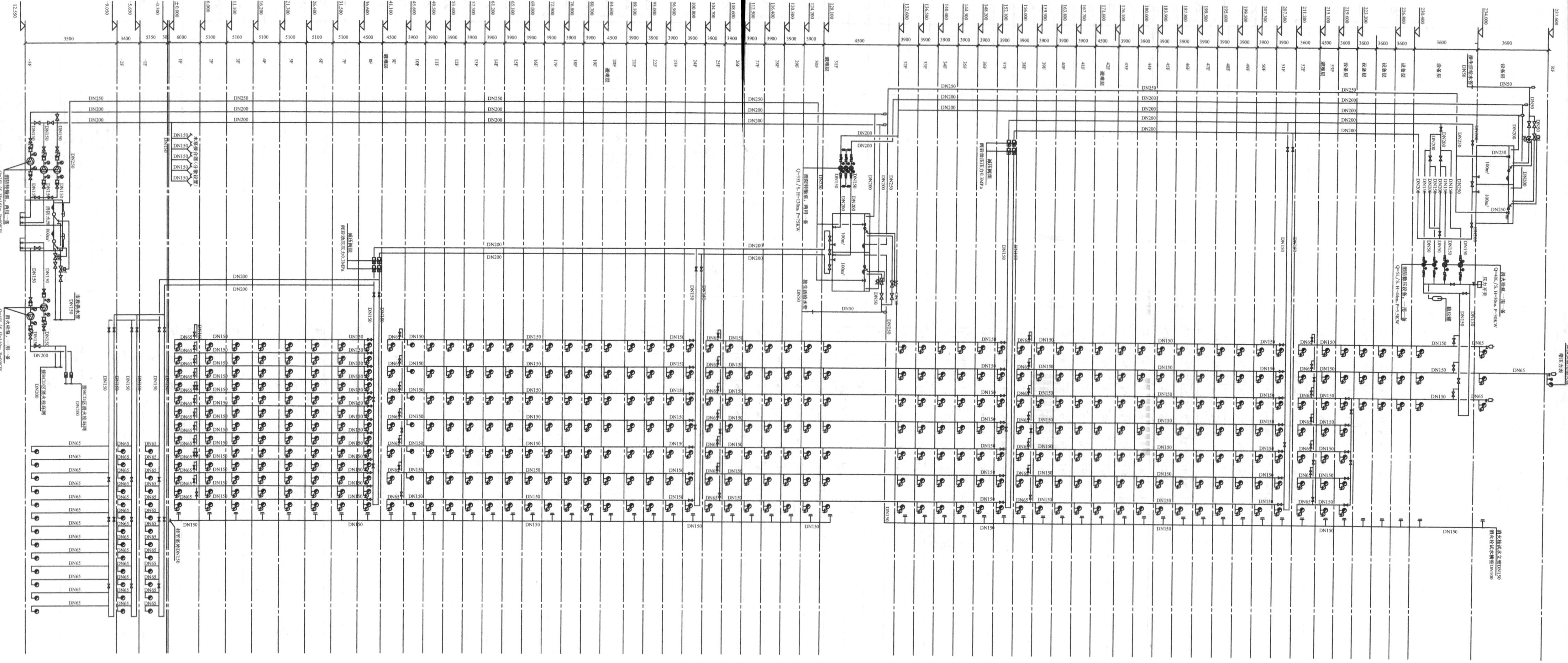

图 12.4-1　原方案设计示意图

附录 《消防给水及消火栓系统技术规范》GB 50974—2014强制性条文

4.1.5 严寒、寒冷等冬季结冰地区的消防水池、水塔和高位消防水池等应采取防冻措施。

4.1.6 雨水清水池、中水清水池、水景和游泳池必须作为消防水源时，应有保证在任何情况下均能满足消防给水系统所需的水量和水质的技术措施。

4.3.4 当消防水池采用两路消防供水且在火灾情况下连续补水能满足消防要求时，消防水池的有效容积应根据计算确定，但不应小于$100m^3$，当仅设有消火栓系统时不应小于$50m^3$。

4.3.8 消防用水与其他用水共用的水池，应采取确保消防用水量不作他用的技术措施。

4.3.9 消防水池的出水、排水和水位应符合下列规定：

1 消防水池的出水管应保证消防水池的有效容积能被全部利用；

2 消防水池应设置就地水位显示装置，并应在消防控制中心或值班室等地点设置显示消防水池水位的装置，同时应有最高和最低报警水位；

3 消防水池应设置溢流水管和排水设施，并应采用间接排水。

4.3.11.1 高位消防水池的有效容积、出水、排水和水位应符合本规范第4.3.8条和第4.3.9条的规定；

4.4.4 当室外消防水源采用天然水源时，应采取防止冰凌、漂浮物、悬浮物等物质堵塞消防水泵的技术措施，并应采取确保安全取水的措施。

4.4.5 当天然水源作为消防水源时，应符合下列规定：

1 当地表水作为室外消防水源时，应采取确保消防车、固定和移动消防水泵在枯水位取水的技术措施；当消防车取水时，最大吸水高度不应超过 6.0m；

2 当井水作为消防水源时，还应设置探测水井水位的水位测试装置。

4.4.7 设有消防车取水口的天然水源，应设置消防车到达取水口的消防车道和消防车回车场或回车道。

5.1.6.1 消防水泵的性能应满足消防给水系统所需流量和压力的要求；

5.1.6.2 消防水泵所配驱动器的功率应满足所选水泵流量扬程性能曲线上任何一点运行所需功率的要求；

5.1.6.3 当采用电动机驱动的消防水泵时，应选择电动机干式安装的消防水泵；

5.1.8.1 柴油机消防水泵应采用压缩式点火型柴油机；

5.1.8.2 柴油机的额定功率应校核海拔高度和环境温度对柴油机功率的影响；

5.1.8.3 柴油机消防水泵应具备连续工作的性能，试验运行时间不应小于 24h；

5.1.8.4 柴油机消防水泵的蓄电池应保证消防水泵随时自动启泵的要求；

5.1.9.1 轴流深井泵安装于水井时，其淹没深度应满足其可靠运行的要求，在水泵出流量为 150%设计流量时，其最低淹没深度应是第一个水泵叶轮底部水位线以上不少于 3.20m，且海拔高度每增加 300m，深井泵的最低淹没深度应至少增加 0.30m；

5.1.9.2 轴流深井泵安装在消防水池等消防水源上时，其第一个水泵叶轮底部应低于消防水池的最低有效水位线，且淹没深度应根据水力条件经计算确定，并应满足消防水池等消防水源有效储水量或有效水位能全部被利用的要求；当水泵设计流量大于125L/s时，应根据水泵性能确定淹没深度，并应满足水泵气蚀余量的要求；

5.1.9.3 轴流深井泵的出水管与消防给水管网连接应符合本规范第5.1.13条第3款的有关规定；

5.1.12.1 消防水泵应采取自灌式吸水；

5.1.12.2 消防水泵从市政管网直接抽水时，应在消防水泵出水管上设置有空气隔断的倒流防止器；

5.1.13.1 一组消防水泵，吸水管不应少于两条，当其中一条损坏或检修时，其余吸水管应仍能通过全部消防给水设计流量；

5.1.13.2 消防水泵吸水管布置应避免形成气囊；

5.1.13.3 一组消防水泵应设不少于两条的输水干管与消防给水环状管网连接，当其中一条输水管检修时，其余输水管应仍能供应全部消防给水设计流量；

5.1.13.4 消防水泵吸水口的淹没深度应满足消防水泵在最低水位运行安全的要求，吸水管喇叭口在消防水池最低有效水位下的淹没深度应根据吸水管喇叭口的水流速度和水力条件确定，但不应小于600mm，当采用旋流防止器时，淹没深度不应小于200mm；

5.2.4.1 当高位消防水箱在屋顶露天设置时，水箱的人孔、以及进出水管的阀门等应采取锁具或阀门箱等保护措施；

5.2.5 高位消防水箱间应通风良好，不应结冰，当必须设置在严寒、寒冷等冬季结冰地区的非采暖房间时，应采取防冻措施，环境温度或水温不应低于5℃。

5.2.6.1 高位消防水箱的有效容积、出水、排水和水位等，应符合本规范第4.3.8条和第4.3.9条的规定；

5.2.6.2 高位消防水箱的最低有效水位应根据出水管喇叭口和防止旋流器的淹没深度确定，当采用出水管喇叭口时，应符合本规范第5.1.13条第4款的规定；当采用防止旋流器时应根据产品确定，且不应小于150mm的保护高度；

5.3.2.1 稳压泵的设计流量不应小于消防给水系统管网的正常泄漏量和系统自动启动流量；

5.3.3.1 稳压泵的设计压力应满足系统自动启动和管网充满水的要求；

5.4.1 下列场所的室内消火栓给水系统应设置消防水泵接合器：

1 高层民用建筑；

2 设有消防给水的住宅、超过五层的其他多层民用建筑；

3 超过2层或建筑面积大于10000m^2的地下或半地下建筑（室）、室内消火栓设计流量大于10L/s平战结合的人防工程；

4 高层工业建筑和超过四层的多层工业建筑；

5 城市交通隧道。

5.4.2 自动喷水灭火系统、水喷雾灭火系统、泡沫灭火系统和固定消防炮灭火系统等水灭火系统，均应设置消防水泵接合器。

5.5.9.1 严寒、寒冷等冬季结冰地区采暖温度不应低于10℃，但当无人值守时不应低于5℃；

5.5.12 消防水泵房应符合下列规定：

1 独立建造的消防水泵房耐火等级不应低于二级；

2 附设在建筑物内的消防水泵房，不应设置在地下三层及以下，或室内地面与室外出入口地坪高差大于10m的地下楼层；

3 附设在建筑物内的消防水泵房，应采用耐火极限不低于2.0h的隔墙和1.50h的楼板与其他部位隔开，其疏散门应直通安全出口，且开向疏散走道的门应采用甲级防火门。

6.1.9.1 高层民用建筑、总建筑面积大于10000m^2且层数超过2层的公共建筑和其他重要建筑，必须设置高位消防水箱；

6.2.5.1 减压水箱的有效容积、出水、排水、水位和设置场所，应符合本规范第4.3.8条、第4.3.9条、第5.2.5条和第5.2.6条第2款的规定；

7.1.2 室内环境温度不低于4℃，且不高于70℃的场所，应采用湿式室内消火栓系统。

7.2.8 当市政给水管网设有市政消火栓时，其平时运行工作压力不应小于0.14MPa，火灾时水力最不利市政消火栓的出流量不应小于15L/s，且供水压力从地面算起不应小于0.10MPa。

7.3.10 室外消防给水引入管当设有倒流防止器，且火灾时因其水头损失导致室外消火栓不能满足本规范第7.2.8条的要求时，应在该倒流防止器前设置一个室外消火栓。

7.4.3 设置室内消火栓的建筑，包括设备层在内的各层均应设置消火栓。

8.3.5 室内消防给水系统由生活、生产给水系统管网直接供水时，应在引入管处设置倒流防止器。当消防给水系统采用有空气隔断的倒流防止器时，该倒流防止器应设置在清洁卫生的场所，其排水口应采取防止被水淹没的技术措施。

9.2.3 消防电梯的井底排水设施应符合下列规定：

1 排水泵集水井的有效容量不应小于2.00m^3；

2 排水泵的排水量不应小于10L/s。

9.3.1 消防给水系统试验装置处应设置专用排水设施，排水管径应符合下列规范：

1 自动喷水灭火系统等自动水灭火系统末端试水装置处的排水立管管径，应根据末端试水装置的泄流量确定，并不宜小于*DN*75；

2 报警阀处排水立管宜为*DN*100；

3 减压阀处的压力试验排水管道直径应根据减压阀流量确定，但不应小于*DN*100。

11.0.1.1 消防水泵控制柜在平时应使消防水泵处于自动启泵状态；

11.0.2 消防水泵不应设置自动停泵的控制功能，停泵应由具有管理权限的工作人员根据火灾扑救情况确定。

11.0.5 消防水泵应能手动启停和自动启动。

11.0.7.1 消防控制柜或控制盘应设置专用线路连接的手动直接启泵按钮；

11.0.9 消防水泵控制柜设置在专用消防水泵控制室时，其防护等级不应低于IP30；与消防水泵设置在同一空间时，其防护等级不应低于IP55。

11.0.12 消防水泵控制柜应设置机械应急启泵功能，并应保证在控制柜内的控制线路发生故障时由有管理权限的人员在紧急时启动消防水泵。机械应急启动时，应确保消防水泵在报警后5.0min内正常工作。

12.1.1 消防给水及消火栓系统的施工必须由具有相应等级资质的施工队伍承担。

12.4.1.1 管网安装完毕后，应对其进行强度试验、冲洗和严密性试验；

13.2.1 系统竣工后，必须进行工程验收，验收应由建设单位组织质检、设计、施工、监理参加，验收不合格不应投入使用。

参考文献

[1] 中华人民共和国公安部．GB 50974—2014 消防给水及消火栓系统技术规范［S］．北京：中国计划出版社，2014.

[2] 上海市建设和交通委员会．GB 50013—2006 室外给水设计规范［S］．北京：中国计划出版社，2006.

[3] 中国疾病预防控制中心环境与健康相关产品安全所．GB 5749—2006 生活饮用水卫生标准［S］．北京：中国标准出版社，2007.

[4] 中华人民共和国公安部．GB 50016—2006 建筑设计防火规范［S］．北京：中国计划出版社，2006.

[5] 中华人民共和国公安部．GB 50045—95 高层民用建筑设计防火规范［S］．北京：中国计划出版社，2005.

[6] 中华人民共和国公安部．GB 50067—97 汽车库、修车库、停车场设计防火规范［S］．北京：中国计划出版社，1998.

[7] 上海市城乡建设和交通委员会．GB 50015—2003 建筑给水排水设计规范［S］．北京：中国计划出版社，2010.

[8] 国家人民防空办公室．中华人民共和国公安部．GB 50098—2009 人民防空工程设计防火规范［S］．北京：中国计划出版社，2009.

[9] 中华人民共和国公安部．GB 50084—2001 自动喷水灭火系统设计规范［S］．北京：中国计划出版社，2005.

[10] 中华人民共和国公安部．GB 50338—2003 固定消防炮灭火系统设计规范［S］．北京：中国计划出版社，2003.

[11] 建设部建筑设计院．CECS76：95 气压给水设计规范［S］．上海：1996.

[12] 广州市设计院．DBJ 15—34—2004 大空间智能型主动喷水灭火系统设计规范［S］．广州：2004.

[13] 华东建筑设计研究院有限公司．DGJ 08—94—2007 民用建筑水灭火系统设计规程［S］．上海：2007.

[14] 江苏省公安厅消防局防火部．DGJ 32/J92—2009 民用建筑水消防系

统设计规范［S］. 南京：江苏科学技术出版社，2009.
［15］ 住房和城乡建设部工程质量安全监管司. 中国建筑标准设计研究院. 全国民用建筑工程设计技术措施-给水排水［S］. 北京：中国计划出版社，2009.
［16］ 中华人民共和国住房和城乡建设部. GB 50268—2008 给水排水管道工程施工及验收规范［S］. 北京：中国建筑工业出版社，2009.
［17］ 中华人民共和国公安部. GB 3445—2005 室内消火栓［S］. 北京：中国标准出版社，2006.
［18］ 中华人民共和国公安部. GB 3446—2013 消防水泵接合器［S］. 北京：中国标准出版社，2014.
［19］ 中华人民共和国公安部. GB 4452—2011 室外消火栓［S］. 北京：中国标准出版社，2012.
［20］ 中国机械工业联合会. GB/T 5656—2008 离心泵技术条件（Ⅱ类）［S］. 北京：中国标准出版社，2009.
［21］ 中华人民共和国公安部. GB 6245—2006 消防泵［S］. 北京：中国标准出版社，2006.
［22］ 中华人民共和国公安部. GB 6246—2011 消防水带［S］. 北京：中国标准出版社，2012.
［23］ 中华人民共和国公安部. GB 8181—2005 消防水枪［S］. 北京：中国标准出版社，2006.
［24］ 中华人民共和国住房和城乡建设部. GB/T 25178—2010 减压型倒流防止器［S］. 北京：中国标准出版社，2011.
［25］ 中华人民共和国住房和城乡建设部. CJ/T 160—2010 双止回阀倒流防止器［S］. 北京：中国标准出版社，2010.
［26］ 中华人民共和国住房和城乡建设部. JB/T 11151—2011 低阻力倒流防止器［S］. 北京：中国标准出版社，2011.
［27］ 中国建筑标准设计研究院. 12S108-1 倒流防止器选用及安装［S］. 北京：中国计划出版社，2012.
［28］ 中国建筑设计研究院机电专业设计研究院，中国建筑标准设计研究院. 04S901 民用建筑工程给水排水施工图设计深度图样［S］. 北京，2004.
［29］ 四川省住房和城乡建设厅. 川建发［2010］41 号关于印发《四川省特大规模民用建筑（群）消防给水设计导则》的通知［C］. 成都：

2010.

[30] 辽宁省消防局. DB 21/T2116—2013 建筑消防安全技术规范 [S]. 沈阳：2013.

[31] 浙江省公安厅. 浙公通字〔2014〕30 号浙江省消防技术规范难点问题操作技术指南 [C]. 杭州：2014.

[32] 黄晓家等. 建筑给水排水工程技术与设计手册 [M]. 北京：中国建筑工业出版社，2010.

[33] 核工业第二研究设计院. 给水排水设计手册（第二版）第 2 册建筑给水排水 [M]. 北京：中国建筑工业出版社，2001.

[34] 中国建筑设计研究院. 建筑给水排水设计手册 [M]. 北京：中国建筑工业出版社，2008.

[35] 中华人民共和国公安部. 建标 152-2011 城市消防站建设标准 [S]. 北京：中国计划出版社，2011.

[36] 国家基本建设委员会. 公安部. 关于建筑设计防火原则的规定 [S]. 北京：群众出版社，1960.

[37] NFPA 14. Standard for the Installation of Standpipe, Private Hydrant, and Hose Systems [S]. 2007 Edition, America.